~猫のギモンを解決~

山本宗伸
Yamamoto Soshin

はじめに　　6

第1章 健康学 〜いつまでも元気で一緒に〜　　9

1. 平均寿命は？　人間だと何歳？　　10
2. 猫と炭水化物 ―高炭水化物ドライフードの影響―　　18
3. 理想体重の求め方 ―うちの子はおデブ猫?―　　23
4. ダイエットを成功させる5STEP　　36
5. 猫が動脈硬化になりにくいわけ　　47
6. 虫歯知らずって本当?　　50
7. 飲水量を測ってみよう　　54
8. 猫とタバコとリンパ腫の関係　　59
9. アロマは危険!?　　61

【診察現場から】猫にハマるお父さん　　66

第2章 行動学 〜どうして？ なぜ？を解明〜　　67

1. オス猫の発情サイン♂　　68
2. メス猫の発情サイン♀　　72
3. 突然カプリ ―撫ですぎ猫反撃行動―　　76
4. 突然高所から飛び降りる ―フライングキャットシンドローム―　　79
5. トイレ後のダッシュ!!! ―トイレハイ―　　83
6. 白衣症候群 ―ホワイトコートエフェクト―　　86
7. 猫の集会 ―開催理由と参加資格―　　88

目　次

8. 布を食べる ―ウールサッキング―　　　　　　　　　　95
9. 喉をゴロゴロ鳴らす ―理由と特徴―　　　　　　　　100
【診察現場から】海を渡る猫　　　　　　　　　　　　107

第3章　雑学　〜意外と知らない豆知識〜　　　　109

1. うちの猫はどこから来たの？ ―イエネコとヤマネコ―　　110
2. 珍しいのはオスの三毛猫だけじゃない？
　　　　　　　　　　―確率の低い猫の毛色―　　　　114
3. 血液型はＡ？Ｂ？Ｏ？ＡＢ？　　　　　　　　　　　120
4. 猫と犬の違い　　　　　　　　　　　　　　　　　　123
5. 猫の利き手 ―pawedness―　　　　　　　　　　　　132
6. お風呂は必要？　　　　　　　　　　　　　　　　　137
7. オッドアイの猫は耳が聞こえない？　　　　　　　　141
8. 世界の猫たち　　　　　　　　　　　　　　　　　　146
【診察現場から】春の授乳パニック　　　　　　　　　161

第4章　こんなときどうする？　　　　　　　　　　163

1. 歯磨きをしよう! ―磨き方と代替法―　　　　　　　164
2. 薬の飲ませ方 ―投薬のコツ―　　　　　　　　　　　169
3. 療法食を食べてもらう9つのヒント　　　　　　　　178
4. 動物病院に行くと怒ってしまう
　　　　　―ストレスのかからない診察のために―　　182

5. 子猫のオスとメスの見分け方　　　　　　　　　　190
6. トイレ問題 ―落ち着いて用を足せる8つのポイント―　　193
【診察現場から】猫の「寿（ことぶき）」　　　　　　200

おわりに　　　　　　　　　　　　　　　　　　　　202
主要参考文献　　　　　　　　　　　　　　　　　　204

写真提供＝共同通信社 146・152、朝日新聞社 154、© ots-photo - Fotolia.com 20、© phant - Fotolia.com 54、© wolfavni - Fotolia.com 112、© escli - Fotolia.com 137、© Uwe Grötzner - Fotolia.com 138、© Asichka - Fotolia.com 150、iagodina - Fotolia.com・© GrasePhoto - Fotolia.com 155、© Ermolaev Alexandr - Fotolia.com 158

はじめに

　猫が大好きな人、愛猫家を英語ではキャットラバー（cat lover）と呼びます。小学生だった私は、夏休みに朝顔の植木鉢のそばに子猫を見つけました。そしてその猫にラッキーという犬のような名前をつけて育てることにしたのです。まだ100gほどしかなかった生後まもない子猫を育て上げたことが子どもながら誇らしく、すくすくと大きくなるラッキーの姿に夢中になりました。

　キャットラバーとなった私は、中学生の頃には将来獣医師になろうと決めていました。猫を飼ったことがある方はご存じだと思いますが、彼らはトイレの後に走り出したり、人の邪魔をしたり本当に不思議な生き物です。そこが可愛いところなのですが。そして猫について知るために、小さい頃から猫や動物に関する本を読んでいました。

　その後、私は大学で獣医学を専攻しました。卒業後すぐに猫専門病院で働き始め、毎日色々な猫の診察をしています。獣医師として働くことに慣れた頃、もう少し詳しく猫の雑学を解説できたら面白いな、ただ専門書をそのまま訳しても小難しい文章になってしまう、面白い部分だけを嚙み砕いて書

はじめに

いてみようと思いインターネット上にブログ「nekopedia」を書き始めました。nekopediaとはWikipediaというウェブサイトをなぞり、猫をローマ字にした「neko」と学習や知識という意味の接尾語「-pedia」をつなげてつくった言葉です。

　nekopediaを書くうえでは、他の猫本やブログよりも一歩踏み込んだ内容を付け加えるよう心がけました。また猫の科学論文の中には思わず笑ってしまうような内容（例：猫の利き手に関する研究、猫のゴロゴロ音の止め方など）を大真面目に研究しているものもあり、そういった面白猫論文も紹介しています。論文というと難しい印象を与えますが、専門的な単語は排除し、できる限り一般的な言葉で書きました。時にわかりやすく解説するために、新語をつくってしまうこともありました。いまだに解明されていない猫の謎に対しては、仮説をもとに私なりの考えを付け加えています。

　書き続けるうちにnekopediaは猫の飼い主さんから好評を得、この度本として出版することができました。すでに猫についてある程度知っている方、初めて猫本を読む方のどちらの皆さんにも楽しんでいただけるような内容になったと思います。不思議な動物、猫の謎を知ることであなたもさらにキャットラバーになることでしょう。

第1章　健康学
~いつまでも元気で一緒に~

1. 平均寿命は？ 人間だと何歳？

《強まる長寿傾向》
「猫又」という妖怪を知っていますか？ 長く生きた猫が化けたものとされ（一説には20歳以上）、尾が2つに分かれており、人語をほぼ完全に理解し、二足歩行も可能だそうです。性格は、獰猛で人間を襲うものもいれば、飼い主に恩返しする優しい猫又もいるとか。

「飼育環境の改善、動物医療水準の向上により、犬や猫の平均寿命は大幅に伸びている」と言われてから数年が経ちました。少し前までは家猫10年、野良猫5年とされていた寿命は実際のところ、どれほど長くなっているのでしょうか。これを調査するのは非常に困難です。なぜならすべての猫が死亡時に届け出をしているわけではなく、野良猫も含めると把握できないからです。

　（一社）日本ペットフード協会が2013年に発表した日本の猫の平均寿命は15.01歳でした（過去10年に飼育された猫。野良、ブリーダーやショップで亡くなった猫は含まれず）。もはや猫又も珍しくない状況です。また「家の外に出る猫」は13.16歳、「家の外に出ない猫」は15.99歳とかなり差があります。2010年の平均寿命が14.36歳なので、3年で0.65年

≒237日も寿命が伸びていることになります。

さらに、人間以外の哺乳類もメスのほうが寿命が長く、ペット保険を扱うアニコム損害保険㈱の2013年のデータでは、オスの平均寿命が14.3歳に対してメスは15.2歳でした。その他に長毛より短毛、純血より雑種のほうが長生きする傾向があります。

《人間年齢への換算方法とは》

よく見られる猫から人間への年齢換算の方法は、1歳で18歳、それ以降は1年を4歳とする方法。式にすると、
人間換算＝18＋（猫の年齢－1）×4
となります。

1－1

ライフステージ	猫の年齢	人間換算
Kitten（仔猫）	0〜6カ月	0〜10歳
Junior（青年期）	7〜24カ月	12〜24歳
Prime（成猫）	3〜6歳	28〜40歳
Mature（壮年期）	7〜10歳	44〜56歳
Senior（中年期）	11〜14歳	60〜72歳
Geriatric（老年期）	15歳以上	76歳以上

「2010 AAFP/AAHA Feline Life Stage Guidelines」AAFP&AAHAより作成

海外の獣医学会の見解はどうでしょう。1－1は、AAFP（American Association of Feline Practitioners）とAAHA

(American Animal Hospital Association）が 2010 年に発表したライフステージです。人間と猫は年をとる早さが違うので、あくまでも目安として考えています。

《猫と人間の成長段階の比較》
●離乳
　猫：平均生後 2 カ月で離乳。生後 1 カ月ぐらいから母乳以外の固形物を食べ始めます。生まれた猫の数が少なければ少ないほど離乳までの時間が長くなります。
　人：人間の場合断乳と離乳があり、赤ちゃんが自らおっぱいを飲まなくなることを卒乳と呼びます。人間の赤ちゃんの卒乳は通常 2 〜 4 歳頃と言われています。

●歯の生えかわり
　猫：3 カ月から生え始め、6 カ月で完成します。
　人：最も早い永久歯は 6 〜 7 歳ぐらいから生え始め、12 歳頃に永久歯が揃います。

●性成熟
　猫には人間のような生理出血や周期的な排卵がなく、性成熟が異なります。したがって、妊娠可能年齢を性成熟として比較しました。

猫：メスは3.5〜12カ月で妊娠可能になり、平均は6カ月前後。この時期は猫種によって異なり、ビルマ猫は早め、ペルシャ猫は遅めです。

人：人間の初潮の平均年齢は12.24歳です。その後1〜2年は周期も不安定で排卵がない場合が多く、妊娠可能年齢としては14歳前後が平均になります。

●骨格の成長の終わり

猫：1歳を超えると骨格はほとんど大きくなりません。3歳になってもまだ大きくなっている！という猫は、太って横に大きくなっている可能性があります。しかし、メインクーンやノルウェージャンフォレストキャットなどの大柄な猫は、3〜5歳まで成長を続けます。医学的には、レントゲンで骨端線（骨の端にある軟骨が骨に変わっていく境目の部分）が見えなくなったときを成長期の終わりと評価することが多いです。猫の場合はかなり幅があり、14〜24カ月齢です。

人：一般的に、身長が完全に止まるのは男性25歳、女性22歳ぐらいと言われています。脛骨の骨端線が消えるのは、男性で17〜18歳です。

●シニア（病気が増え始める時期）

　ここでのシニアとは人間でいう高齢者であり、WHOでは65歳以上と定めています。明確な基準はありませんが、退職あるいは老齢年金受給開始時期の人を指すことが多いようです。

　また、高齢になると人間も猫も共通して増える病気の代表、「がん」についても少し比較しました（人間の死因の上位である脳梗塞や心疾患は、猫にはそれほど多くありません）。

猫：腎不全や甲状腺機能亢進症(こうじょうせんきのうこうしんしょう)など、加齢とともに見られる病気が増える時期をもとに12歳とします。人間年齢に換算すると約65歳。
　　メスに多いがんとして、乳がんがあります。発症平均年齢は様々な論文がありますが、ピークは10〜12歳です。また、猫全体で最も多いがんであるリンパ腫の発症時期は、発生部位やウィルスの影響によってかなり差がありますが、ピークは9〜13歳にまとまっています。

人：高齢者としては65歳以上。また日本で最も多い、胃がんの手術時の平均年齢は60歳前後です。ちなみに女性が罹るがんの第1位である乳がんは、50歳代が最多で、手術時の平均年齢はやはり60歳前後です。

※注意：同じがんでも、動物によって悪性度や発生率が異なるため、動物は病気の発見が遅れがちになることがあり、単純な比較は難しくなります。例えば、日本人男性で最も多いがんの胃がんは猫ではそれほど多くないですし、猫の乳がんは90％悪性ですが犬は50％などです。

●平均寿命
　猫：15.01歳（日本ペットフード協会調べ。2013年発表）。
　人：世界一長寿の日本人の平均寿命は男女の総合で82.73歳（国際連合2005〜2010の平均寿命）。

●世界記録
　猫：2013年のギネスでは38歳と3日生きたCrème puffというアメリカの猫が最長記録です。猫又もびっくりの長寿記録です。
　人：フランス人のジャンヌ＝ルイーズ・カルマンさんの122歳と164日という世界長寿記録が残っています。

●閉経
　人は50歳前後が平均です。猫には閉経はありません。閉経が来る前に寿命が尽きてしまうからです。人間が閉経後数十年生きるようになったのは、孫の世話をするためだとか。

それでも戦前までの歴史で平均寿命が50歳を切っていたことを考えると、本当にそれだけの理由なのかは不明です。

以上の項目をグラフにすると1－2のとおり。

1－2

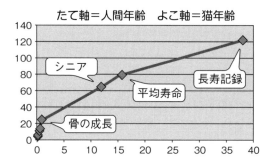

1歳までは急激に成長し、その後は成長のスピードがなだらかになり、ある程度人間年齢と比例しています。結局、前述した18＋（猫の年齢－1）×4の式と同じような結果になりましたね。

人間は哺乳類の中でもかなり成長が遅い生き物なので、猫との年齢を比べるのはやはり無理があります。ですから、大体このぐらいかな、という目安だと思ってください。

《今後はもっと長生きに？》

人間の寿命が格段に伸びたステップとして、①栄養状態の

改善、②乳幼児の死亡減少、③感染症の克服が大きな要因となったのは間違いないでしょう。そして猫も質の高い医療が受けられる環境が整いつつあります。野良で生まれた幼猫が感染症で亡くなってしまうことは依然としてありますが、今では猫の死因もがん、慢性腎不全、老衰など加齢によるものが増えています。今後医療ががんを克服したとき、猫の寿命もそれに伴って伸びるのではないかと考えられます。

2. 猫と炭水化物
― 高炭水化物ドライフードの影響 ―

《雑食と肉食の違い》

　猫は肉食動物です。犬も肉食では？と思われがちですが、犬は雑食動物です。そして人も雑食動物です。

　雑食と言うと、どんなものでも分別なく食べるようなイメージがありますが、ここでは「動物性タンパク質（肉）を摂取しなくても生きていける」という意味です。犬も人も肉を食べなくても穀物と野菜等の植物由来の栄養素だけで生きていけますが、肉も好んで食べます。

　それに対して肉食動物は、「動物性の食品を食べないと生きていけない」という意味です。つまり、猫は植物性の食品だけでは生きていけません。ただし「肉しか食べてはいけない」ということではないので注意してください。植物からも栄養を摂取することはできますが、必ずある程度の動物性の食品が必要です。

《野良猫の食生活》

　野生の猫の獲物は、ネズミやウサギなどの小獣や小鳥、そしてトカゲなどの爬虫類などです。これらの獲物のエネルギー源はほとんどがタンパク質と脂質で、炭水化物の割合は低めです。例えば、ネズミの炭水化物の割合は10％未満です。

では、キャットフードのラベルを見てみてください。ドライフードであれば、30〜40％の割合で炭水化物が含まれているはずです。そして原料には小麦やトウモロコシ、米などの穀類が入っていると思います。

猫は肝臓で糖の分解を助ける酵素（グルコキナーゼ）の発現が低いなど、他の哺乳類と比べ糖の代謝が苦手です。猫本来の食生活に比べて、こんなに炭水化物が多い食事をとったら肥満や糖尿病等の病気にならないのでしょうか。また、炭水化物は太りやすいものですが、本来炭水化物をほとんどとらない猫がカロリーの40％も炭水化物から摂取して肥満にならないのでしょうか。

論文「猫におけるドライフードと病気のリスク」では、高炭水化物のドライフードと、高脂肪高タンパク質のウェットフードを主食にしている猫を比較したところ、肥満度に差はなかったと報告しています。海外でも高炭水化物フードに対する興味は強いようで、多くの比較研究が紹介されていましたが、高炭水化物フードと肥満の関係性を証明したものはありませんでした。

《炭水化物と糖尿病》
　猫は糖の代謝が特殊で、糖尿病になりやすい動物です。特

に２型糖尿病と呼ばれる、すい臓から分泌されるインスリンの効きが悪くなるタイプがほとんどです。人でも糖質をとりすぎると糖尿病になるリスクは上昇します。

報告「室内飼いと運動不足のほうがドライフードの摂取よりも猫の２型糖尿病のリスクを高める」では、炭水化物を豊富に含んだフードが猫の糖尿病の発症と関係しているのではないかと考え、糖尿病の猫と健康な猫の飼い主にアンケートを行いました。その結果からは、関係性は認められませんでした。また、糖尿病も肥満と同じく高炭水化物フードとの関係を示す論文はありませんでした。

余談ですが、糖尿病が遺伝的に多い品種としてバーミーズが挙げられています。これはイギリスとオーストラリアでの報告なので、日本でブリーディングされているバーミーズが遺伝的に糖尿病を発症しやすいかは不明です。

僕は糖尿病になりやすいから食事に気をつけてね

《まとめ》
　肥満のリスク因子は、糖尿病のリスク因子と被るところが多くあります。オス猫、完全室内飼い、運動不足、過食等です。脂質の割合が高いフードのほうが肥満になりやすいと報告している論文もあります。
　結論としては、フード中の炭水化物の割合を気にするよりも、カロリー摂取量や運動量を増やす工夫をしたほうが肥満や糖尿病予防に効果があるようです。現在のところ、穀物類入りのドライフードが猫の健康に良くないという報告はありませんでした。

《グレインフリーフードとは？》
　グレイン（grain）とは穀物のことです。グレインフリーフードとは、穀物を全く含まないフードであり、炭水化物の割合を抑えて猫本来の食生活に近い栄養バランスを維持することができます。動物本来の食生活に近いフードのほうが健康的である、という考えに基づき開発されました。
　しかし現在のところ、グレインフリーフードのほうが「肥満になりにくい」「健康的である」ということを科学的に証明した報告はありませんでした。ただしこういった類いの科学的な証明は非常に難しく、今後有用性が証明されれば、グレインフリーフードにシフトしていくことでしょう。

[グレインフリーフードの注意点]
　腎機能が低下している猫に高タンパク質の食事を与えると、症状が悪化することがあります。慢性腎臓病は猫で最も多い病気の1つです。中年齢以上の猫でグレインフリーフードへの変更を検討している飼い主さんは、かかりつけの獣医師に相談してみてください。

第1章 健康学〜いつまでも元気で一緒に〜

3. 理想体重の求め方
―うちの子はおデブ猫?―

　現在、室内飼い猫の40％が肥満であると言われています。これは、人口の3分の1が肥満とされるアメリカ人を上回る数字です。当然、猫においても肥満は健康に悪く、病気の発生率を増加させてしまいます。猫の肥満と病気リスクについては、P.36「4.ダイエットを成功させる5STEP」で述べますので、今回は非常によく質問される「猫の平均体重」「何キロからが肥満なのか？」「理想体重は？」などにお答えしていきます。

《猫の平均体重》
　当然ながら性別、骨格によって平均体重は違います。小型のシンガプーラと大型のメインクーンでは全く異なるでしょうが、一般的には大体3〜5kg台にほとんどの猫は収まっています。ただし、メインクーンやノルウェージャンフォレス

トキャットなら、7kgでも肥満ではない猫もいます。

　まず肥満とはどういう状態なのか。1つの基準として「理想体重の120％以上ある状態」を肥満と言えるでしょう。つまり、理想体重がわかればその猫が肥満なのかを知ることができるわけです。では、理想体重の規準とは何でしょう。実は、1歳の誕生日のときの体重が生涯を通しての理想体重と言われています（メインクーンやノルウェージャンフォレストキャットのように成長期が長い猫は注意）。また、理想的な体重だったころに動物病院で測っていれば記録が残っているかもしれません。

　そういった記録がない猫の肥満度チェックをする方法として、今回は3つ紹介しましょう。

（1）BCS
（Body Condition Score ＝ボディコンディションスコア）

　ボディコンディションスコアは、おそらく最も多くの獣医師が肥満または痩せすぎの判定に使っている指標です。概要は次の1－3のとおりです。

［BCS測定のコツ］

　しかし、残念なことに実際やってみるとこの表を見ても正確な評価は難しいようです。例えば「なだらかな隆起」がど

第1章 健康学〜いつまでも元気で一緒に〜

1-3
ボディコンディションスコア（BCS）の基準

BCS	1 削痩	2 体重不足	3 理想体重	4 体重過剰	5 肥満
理想体重(%)	≦85	86〜94	95〜106	107〜122	123≦
体脂肪(%)	≦5	6〜14	15〜24	25〜34	35≦
肋骨	脂肪に覆われず容易に触ることができる	ごく薄い脂肪に覆われ、容易に触ることができる	わずかな脂肪に覆われ、触ることができる	脂肪に覆われ、触ることは難しい	厚い脂肪に覆われ、触ることは非常に難しい
骨格	容易に触ることができる	容易に触ることができる	なだらかな隆起を感じられる	やや厚い脂肪に覆われている	厚く弾力のある脂肪に覆われている
体型	横から見ると腹部のへこみは深く、上から見ると極端な砂時計型をしている	腰にくびれがある	腹部はごく薄い脂肪に覆われ、腰に適度なくびれがある	腹部は丸みを帯びやや厚い脂肪に覆われ、腰のくびれはほとんどない	非常に厚い脂肪に覆われ、腰にくびれはない

日本ヒルズ・コルゲート株式会社　　　　　　　　　「日本ヒルズ・コルゲート」ホームページより作成

のぐらい「なだらか」なのかは、BCSに慣れていない飼い主さんにはなかなかわかりません。特に評価しやすい部位を以下に挙げます。表現は私の主観が多分に含まれていますが、参考にしてください。

●肋骨

なんとなく骨が触れるかな→ BCS4

ん？肋骨がどこかわからない→BCS5

●**くびれ**：立った状態で真上から見るとわかりやすいです。
▽座っていると丸く見えるので注意！
　　どこがくびれか、かろうじてわかる→BCS3
　　くびれの部分が膨らんでいる気がする→BCS4
　　くびれるべき部位が明らかに膨らんでいる→BCS5

●**お腹**：立ったときのたるみ具合を見ます。
▽お腹の皮膚は一度肥満で伸びるとダイエットをしても戻らないので注意！
　　横から見てお腹のラインが地面と平行→BCS3
　　横から見てお腹のラインが地面のほうに傾いている
　　　　　　　　　　　　　　　　　　　→BCS4
　　横から見てお腹のラインが地面に着きそう→BCS5

[肥満の判定]

1-4

BCS	過剰な体重
3	0%
3.5	10%
4	20%
4.5	30%
5	40%

BCSの結果を大雑把に解釈すると、1－4のようになります。120%以上が肥満なのでBCS4以上は肥満ということがわかります。理想体重は、それぞれの過剰な体重分を割れば出すことができます。

例）体重5kgでBCS4の猫の理想体重は？

答え　5 ÷ 1.2 ≒ 4.17kg

　この猫の場合は「目標は4.2kgぐらいにしましょう！」となります。

(2) WALTHAM S.H.A.P.E™ チャート

　ペット栄養学の世界的権威であるウォルサム®研究所が「飼い主さんでも評価できるように！」というコンセプトで作った指標で、1－5、6のとおりです。7段階評価でBCSよりも細かく分類することができます。

[肥満の判定]

　上記の「BCS測定のコツ」と似たような質問がありますね。具体的な肥満基準を記されていませんがE以上は体重過剰、肥満と言えるのはF、Gでしょう。

1－5　WALTHAM S.H.A.P.E™ チャート

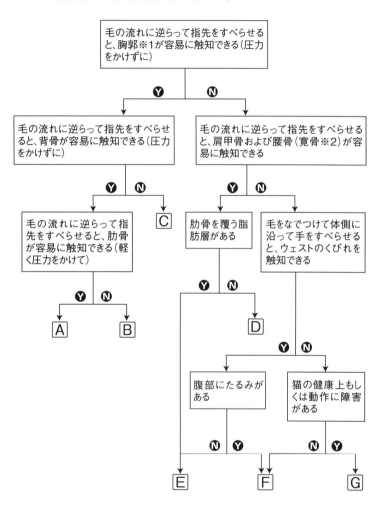

1-6

S.H.A.P.E.™ スコア	説　　明
A	極度の削痩—あなたの猫は体脂肪が非常に少ないか、まったくありません。 アドバイス：早急に獣医師の診断を受けましょう。
B	削痩—あなたの猫は体脂肪が少なすぎます。 アドバイス：給餌量が適切かどうか獣医師に相談し、2週間おきにS.H.A.P.E.™チャートを用いて再評価しましょう。
C	痩せ気味—あなたの猫の体脂肪は正常値より少なく削痩気味ですが、理想体重の範囲内です。 アドバイス：給餌量を少し増やしてみましょう。月に一度、S.H.A.P.E.™チャートを使ってチェックし、変化が見られない場合は獣医師の診断を受けましょう。
D	理想体重—あなたの猫の体脂肪は理想的です。 アドバイス：理想体重を維持しているかどうか毎月チェックし、次回来院時に獣医師の確認を受けましょう。
E	太り気味—あなたの猫の体脂肪はやや過剰で肥満気味ですが、理想体重の範囲内です。 アドバイス：給餌量が適切かどうか獣医師に相談し、運動量を増やしましょう。おやつの与えすぎに注意し、月に一度、S.H.A.P.E.™チャートを使ってチェックしましょう。
F	中程度の肥満—あなたの猫の体脂肪は多すぎます。 アドバイス：運動量を増やす等の適切な減量プランを安全に実行するため、獣医師に相談し、2週間おきにS.H.A.P.E.™チャートを用いて再評価しましょう。
G	極度の肥満—あなたの猫の体脂肪はかなり過剰で、健康と幸福に影響を及ぼしています。 アドバイス：あなたの猫の体重を減らし、運動量を増やして健康全般を改善するために、早急に獣医師の診断を受け、減量プランを開始しましょう。

注意：品種およびライフステージにより、理想的なS.H.A.P.E.™スコアが異なることがあります。心配であれば、獣医師に相談してください。

The S.H.A.P.E.™ Guide for Cats appears in A simple, reliable tool for owners to assess the body condition of their dog or cat. German AJ, Holden SL, Moxham GL, Holmes KL, Hackett RM, Rawlings JM. 2006. J Nutr 136:2031S-2033S. Reproduced with permission from Waltham® Centre for Pet Nutrition.

※1　胸郭とは胸骨、肋骨、胸椎のことです。触ってみて胸部と腹部の違いがわかればYES、どこからか判断できなければNOです。
※2　寛骨とは骨盤の一部です。正しくは寛骨＋仙骨＋尾椎で骨盤と呼びます。前ならえの先頭のポーズをするときに触っているのが寛骨です。

(3) FBMI™（Feline Body Mass Index）猫のBMI

　人間のBMI（ボディマス指数）みたいに一発で肥満かわかる指標はないのでしょうか。あります。それがFBMIです。人間では身長と体重を基準に決めていますね。猫では以下の部位を測定します。

ⓐ胸郭外周：第8、9肋骨の間で測定。1周まわしてください。

　第8肋骨と第9肋骨の間、後ろから数えたほうが間違えにくいでしょう。

ⓑLIM（Lower Hindlimb Measurement ＝レッグインデックス測定値）：膝蓋骨（ひざ）から踵骨（かかと）までの長さを測定。

　膝蓋骨から踵骨、骨を触りながら測るとやりやすくなります。

1－7

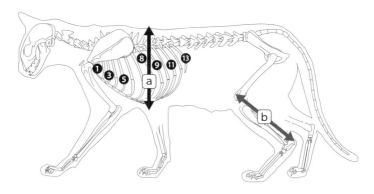

この2ポイントを下の表に当てはめます（縦ⓐ胸郭外周、横ⓑLIM）。

1－8

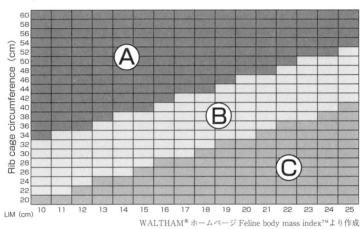

WALTHAM®ホームページ Feline body mass index™より作成

Ⓐ：肥満　Ⓑ：適正体重　Ⓒ：痩せすぎ

Ⓑの中心付近に来ていれば理想体重になっていると言えるでしょう。

　今回、3つの猫の肥満チェック方法を説明しました。どれを参考にしてもかまいません。猫のBMIは実際やってみると結構猫が動くので難しいのですが、最も客観的に評価できる方法なので、これで診断すると飼い主さんも愛猫が肥満だと深く納得してくれることが多いです。

《肥満が招く病気とは》
では、なぜ肥満がいけないのか。そのリスクについて病名を挙げて説明していきましょう。

①糖尿病
猫の糖尿病は2型糖尿病が大部分を占めます。肥満になるとインスリンに対する抵抗性が上昇し、インスリンが効きづらくなり血糖値が上がってしまいます。健康的な体重の猫と肥満猫を比較した2005年の研究では、オッズ比2.2で肥満猫が糖尿病になりやすいと報告されています。

※オッズ比……統計学の言葉。単純に2.2倍糖尿病になりやすいわけではありません。オッズ比が高い＝その病気との関連性が高いことを意味します。

②皮膚病
意外かと思われますが、皮膚病も肥満によってリスクが上昇します。肥満猫は効果的なグルーミングができなくなってしまうことから、様々な皮膚病に罹（かか）りやすくなります（アクネ＝顎ニキビ、脱毛症、フケ、皮膚糸状菌症など）。またお尻周辺に口が届かなくなると、排泄物がくっついたままで不衛生な環境になります。

重度の肥満は運動性を低下させ、褥瘡（床ずれ）が発生してしまうこともあります。

③便秘、下痢

人間では、便秘と肥満は関係があることが研究されています。猫は今のところ関連性は不明ですが、便秘がちな猫が肥満であることは多く経験しています。便秘が続くと巨大結腸症になってしまうので注意が必要です。

また、正常体型の猫と比べ肥満猫のほうが下痢になりやすいという報告もあります。

④猫の肝リピドーシス（脂肪肝）

太った猫が何らかの理由で食欲が落ちて、急速に体重が減ったときに発症しやすい猫特有の病気です。空腹状態が続くと体の脂肪が肝臓に動員されてエネルギーに変換されるのですが、その動員するスピードが速すぎて脂肪が肝臓を覆い尽くしてしまい、肝臓の機能が低下します。

極端なダイエットをすることも、肝リピドーシスのリスクになります。ダイエットするときは食事量を10％ぐらいずつ減らしてゆっくり痩せさせましょう。

急に体重が減って食欲がない、よだれが出ている、黄疸などが特徴的な症状です。肝リピドーシスは猫の命に関わる病

気なので、これらの症状が出たらすぐに動物病院にかかってください。

⑤膀胱／尿道疾患

　肥満になるとトイレに行く回数が減り、蓄尿量が増えることで尿石症、猫の特発性膀胱炎、尿路閉塞、尿路感染などのいわゆる猫の下部尿路疾患（FLUTD）リスクが上がると言われています。FLUTDは室内飼いであることもリスク因子の一つです。肥満猫は室内飼いの可能性が高く、どちらがより強く影響しているかは不明ですが、運動不足が関係していると言われています。

⑥口腔内疾患（歯石、歯周病など）

　2005年に発表された研究では、肥満は口腔内の病気との関連性があることが報告されています。オッズ比は1.4です。なぜ肥満がリスク因子になるのかは不明です。

⑦心臓病

　人間では、肥満が血圧と心臓の負担を増加させることがわかっています。私が調べた限りでは猫で肥満と心臓病の発症が関連しているという報告はありませんでしたが、今後の研究で明らかになるかもしれません。

⑧関節炎

　関節炎になっても、犬のように明らかに歩行がおかしくなる猫は少数です。もともと単独行動をしていた猫は、怪我をしても周囲にバレないように怪我を隠す傾向にあり、段差を一気に降りなくなった、机から降りるときに躊躇する、など些細な症状しか出さないのです。

　関節炎は10歳以上の猫で多く、気になる症状が出ている場合は動物病院でレントゲン検査を受けましょう。

　肥満と関連性が高い病気は糖尿病、下部尿路疾患、口腔内疾患など猫に起こりやすいものが多いです。やはり猫も健康的な体重の維持が長生きの秘訣だということがわかります。

4. ダイエットを成功させる5STEP

　猫のダイエットを成功させるのは、大変難しいことです。人間のダイエットには本人の強い意志が必要ですが、猫においては飼い主さんの強い意志が必要になるからです。本来、フードの量を減らせば痩せるはずですが、「ずっと空のお皿の前に居座る」「ご飯を要求して鳴き続ける」「フードの量をグラムで計っているのに痩せない」など、何らかの壁に当たるでしょう。

　ダイエットのモチベーションを上げるには、①「肥満による病気リスクの認識」と、②「目標体重の設定」が必要です。そして、③「実際に体重を減らすための環境と食事」を整え、④「体重減量ペース配分」、最後に⑤「リバウンド防止」をすることで初めてダイエット成功と言えるでしょう。今回はこの5つのSTEPに分けて解説していきます。

注意：猫の急激なダイエットは、肝リピドーシスや糖尿病の発症リスクを高めます。人間では断食道場なる数日絶食するダイエットもあるそうですが、そういった無茶なダイエットは猫にとっては特に危険です。また、極端なダイエットや成長期の猫のダイエットは必須栄養素（アミノ酸、必須脂肪酸、ミネラル、ビタミン）の欠乏を起こす可能性があります。か

かりつけの獣医師と相談しながら安全なダイエットを行ってください。

【STEP1】肥満による病気のリスクを認識

具体的な病気については、P.32「肥満が招く病気とは」を参考にしてください。そしてもし、家族で可愛がってご飯をあげているのであれば、全員に肥満のリスクを伝えてください。ありがちな失敗例として「実は家族の誰かがおやつをあげていた」パターンがあります。家族全員が理解することが第一歩です。

【STEP2】目標体重の設定

目標がなければダイエットは始まりません。先述した理想体重（P.23「3.理想体重の求め方」）を参考にしてください。ダイエットはときに半年～1年にも及びます。最終的な目標だけでなく、月単位での中間目標を決めることも大事です。

【STEP3】環境と食事を整える

このパートから具体的にダイエットを開始します。体重を減らすには1日摂取カロリーを減らすか、1日消費カロリーを増やすかのどちらかです。摂取カロリー＜消費カロリーの状態であれば痩せるはずです。

しかし、猫の場合は増やせる消費カロリーに限界があります。もしあなたの猫がまだ若ければ、ねこじゃらしで遊ばせることができますが、シニア猫だと見向きもしない場合も多いでしょう。

３歳にしてあまり遊びたがらないセサミンくん

　本来猫は、一生狩りをして生活するため、たとえ食欲が満たされていても、狩猟欲求がゼロになることはないと言われています。しかし、実際の室内飼い猫はシニアになると全くおもちゃで遊んでくれなくなるのが実情です。

【STEP3-1】消費カロリーが増す環境づくり

　運動をすることはカロリーを消費するだけでなく、筋肉量が増えて基礎代謝も上がるので一石二鳥です。このあたりは人間のダイエットと一緒ですね。ダイエットの後半にある程

度痩せてくると基礎代謝が下がってしまい、体重の落ちが悪くなります。それを防ぐためにも運動は大切です。

　猫の場合、犬のように散歩の距離を伸ばすなど積極的に運動をさせることはできません。運動だけでダイエットを成功させるのは難しいですが、食事制限の負担を減らすためには大事な要素です。

●**おもちゃ**：最初は1日2〜3分だけでもよいのです。徐々に時間と運動量が増えればしめたものです。

●**遊ぶとフードがこぼれるおもちゃ**：中に少量のドライフードが入るおもちゃが市販されています。転がすと少しずつフードが出る仕組みになっており、食べるために運動が必要です。早食いの猫にも向いています。また、室内飼いの場合は猫の気晴らしにもなるので、日中留守の間の退屈しのぎにもよいでしょう。

●**キャットタワー**：上下運動を増やす目的です。最初は登らなくても、体重が減ると登ってくれる猫もいます。爪研ぎやおもちゃ付きのものが理想的です。最近は色々なデザインがあり値段も下がりました。

【STEP3-2】食事管理

[ダイエット時の目標カロリー計算]

　ダイエット時の目標カロリー摂取量は1日あたり理想体重×35〜40kcalです。STEP2で求めた理想体重をもとに計算してみましょう。

例）現在7kgの猫がボディコンディションスコア（BCS）4であった。ダイエットをするための1日あたりの目標カロリー摂取量はいくつか？

　BCS4は過剰体重20％なので、まず理想体重を求めると、
7 ÷ 1.2 ≒ 5.8
5.8 × 35 = 203kcal
となります。これはおやつ、ミルクなどのカロリーも含んだ数字です。したがって、ダイエット中におやつをあげても大丈夫です。歯石防止目的や、コミュニケーションとしておやつも上手く使ってください。ただし、その分のカロリーもしっかり計算に入れることが大切です。

[フード量の計算]

　最も簡単なドライフードのみを与えている場合の計算です。

例）上例の猫が358kcal／100gのフードを食べていた場合、1日何グラム？
203 ÷ 358 × 100 ≒ 57g

[フードの種類]
　カロリー計算ができればウェットでもドライでも両方ミックスでも大丈夫です。ウェットフードのほうが水分含量が多いので満腹度は高くなります。

　また低脂肪、高食物繊維でカロリー密度が低く、満腹効果の高いフードが市販されています。こういったフードは同じカロリーでも体積が大きいので、猫が空腹でストレスを感じにくくなるように工夫してあります。そして1日のカロリー量は減らしても必須栄養素が欠乏しないように配慮されているのです。

　このようなフードを食べさせていても痩せないという猫がいますが、カロリー計算をせずに与えていても当然痩せません。これらのフードはダイエットの補助程度と考えて使いましょう。

【STEP4】体重減量ペース配分
[どのくらいのペースで体重を減少させるか??]
　週に1～2%の減少が望ましいと言われています。P.32「肥

満が招く病気とは」でも触れたように、急激なダイエットは肝リピドーシスはもちろん、糖尿病のリスクが増加する可能性もあります。

　また空腹状態が続くとずっと空のお皿の前にいる猫、ストレスで布やダンボールを食べてしまう猫もいます。そういった場合は以下のような工夫をしてください。

①カロリー密度が低く、満腹効果の高いフードを使う。
②ウェットフードを併用して満腹度を上げる。
③小出しにして食事回数を増やす。
④徐々に1日の摂取カロリーを減らして慣れてもらう。

　ダイエットの導入期は週に1回は体重を測定することが望ましいでしょう。体重計は0.01kgまで測れるもののほうが少量の減少も検知でき、モチベーションにつながりやすいため、人間の赤ちゃん用のベビースケールがお勧めです。一般的に減量速度はダイエット開始時期は速く、その後減速します。

　最初に設定したフード量はその猫の減量ペースによって変えていく必要があります。ほとんどの猫は一定のペースでダイエットが成功することはありません。減量スピードが遅すぎる場合はさらに5〜10%ほどフード量を減らす等調節しましょう。

[どのぐらいの期間でダイエットが終了するか？]
　ダイエットを成功させるコツとして目標を明確にすること、何カ月間ダイエットにかかるのかを知っておくことが大事です。体重6kgの猫が毎週60g（6kgの1％）ずつダイエットした場合、5kgまで落とすのに約16週間＝4カ月間かかります。ダイエットの後半は体重が落ちにくいので、半年間ぐらいはかかることを想定してください。

[体重が減らない……むしろ増えたときの対処法]
①まずは、最初の肥満度評価が適切だったのか再チェックします。そして1日のカロリー量を再計算しましょう。
②家族内でごはんを過剰にあげている人はいないか、隣人からもらっている可能性はないか、台所漁りをしていないかチェックします。
③他に考えられる理由がなければ、現在の1日のカロリー量からさらに5〜10％減少させます。
④ホルモン性疾患により痩せにくくなっている可能性もあります。高プロラクチン血症、末端肥大症などの病気があると痩せにくくなります。

【STEP5】リバウンド防止

　目標体重まで落ちたら体重維持の管理に切り替えていきます。ダイエットの成功は目標体重の維持なので、注意深く摂取カロリーを増やします。理想的な猫の1日のカロリー量は体重1kg当たり55kcalですが、一度肥満傾向になった猫の多くはこのカロリー計算でフードを与えるとリバウンドします。したがって、以下の2つの方法でフード量を決定します。

①2週間ごとに現在の1日カロリーを10%ずつ増やします。体重が減少しなくなる1日カロリーが維持量になります。
②ダイエットの過程で体重減少が起こらなかった時期があれば、その時の1日カロリーを維持カロリーとします。

　維持期にはダイエット時ほどの食事制限やダイエット食は必要ありませんが、カロリー密度が低く、満腹感の高い食事に慣れている場合は、フードを変えないほうがリバウンドしにくいでしょう。

[その他]
サプリメントについて
●L-カルニチン：食事と同時に投与することで体重減少を促進することがわかっています。人間のサプリメントをそ

のまま与えると量が多すぎるので獣医師に相談してください。

●α－リポ酸：人間のダイエットサプリとして販売されていますが、猫には絶対に与えないでください。飲み込むと低血糖を起こし、高確率で亡くなってしまいます。今のところ有効な治療法は報告されていません。さらに危険なことにα－リポ酸の香りは猫を引きつけるようです。机の上のα－リポ酸の袋を破って食べ、亡くなった事例が報告されています。

　もし、α－リポ酸のサプリメントが自宅にある場合は、引き出しの奥にしまうなど猫が物理的に届かない場所に保管してください。体重1kgあたり30mg以上摂取すると中毒が起こると言われており、低血糖に陥る原因は不明です。万が一、誤食を早期に発見した場合は誘吐処置か胃洗浄を行わなければいけません。

多頭飼育の場合
　多頭飼育でのダイエットはさらに難易度が増します。全猫が肥満の場合、すべてに減量用フードを与えても問題ありません。もし、3匹中1匹だけが肥満でしたら、その猫は他の猫の分のフードまで食べている可能性が高いでしょう。そういった場合は、他の猫が食べ残したフードは片付けてしまってください。

①それぞれの猫に、別々の場所で食事をさせる。
②同じ場所で、各々の猫が食事を食べ終わるまで見届ける。
③猫ごとに時間を変えて食事をさせる。
④肥満の猫が届かない場所にフードを置く（例：よじ上れないような高い場所や入れないような小さい穴を開けた箱の中など）。

　しかし、同居猫がご飯をちょこちょこ食べる性格だと、②と③はかなり手間と時間がかかります。④は上手くそういった場所がつくれれば効果的ですが、現実的には難しそうです。したがって、①が最も現実的な方法でしょう。ちょこちょこ食べの猫以外はその部屋に入らないようにして、ゆっくり食べてもらいましょう。

　私は、猫のダイエットは人間より難しいのではないかと思っています。時間がかかることを理解し、こまめに体重を測ることがコツでしょう。あなたの愛猫がもしボディコンディションスコア５以上の肥満猫であれば、今すぐダイエットに挑戦してみてください。理想的な体重の維持が健康と長生きにつながることは確実です。

5. 猫が動脈硬化になりにくいわけ

　猫の健康診断をしたときに獣医さんから「コレステロールの値だけ少し高いですけど、猫は動脈硬化になりにくいので気にしなくていいですよ」と言われたことはありませんか？人間では血中コレステロール値が220mg/dlを超えると高コレステロール血症と診断されます。高コレステロール血症は動脈硬化を引き起こす要因になるため、まず食生活の改善を指示されるでしょう。

　そのため「本当に大丈夫ですか？　猫は何で動脈硬化にならないのですか？」などと質問されることがあります。特に飼い主さんご本人が高コレステロール血症で治療中の方だったりするとなおさらです。

　確かに、猫や犬が動脈硬化になるのは人間に比べて圧倒的に少なく、ほとんどみられません。このことは私も疑問に思っていました。

《N−グリコリルノイラミン酸（Gc)》
　カルフォルニア大学のアジット・バルキ教授は、Gcという物質が動脈硬化の原因の1つである可能性を突き止めました。Gcは動物の肉に含まれるそうです。肉とともに摂取したGcは体内で血管の壁を傷つけます。その傷があることで

血管の壁にコレステロールが入りやすくなり、動脈硬化を起こしていきます。

《Gcが悪さをするのは人間だけ！》
　実は人間以外の動物はGcを体内に持っており、Gcを摂取しても血管の壁に傷をつけません。人間だけはこれを有していないので、人間の免疫系がGcを異物として認識し、免疫反応によって炎症が起こり、血管の壁に傷がついてしまうのです。同じ霊長類のゴリラでさえもGcを体内に持っていることが紹介されており、おそらくほとんどの哺乳類はGcを持っていると考えられます。

《なぜ人間だけがGcを持っていないの？》
　人類も270万年前まではGcを持っていました。270万年前というと、人類の脳の巨大化が始まった時期です。Gcは神経細胞の成長を促す物質を抑制するため、人類はGcを失ったことで脳を巨大化させることができたのではないかと考えられています。
　現在の人間がGcを持たないのは、知性に特化して進化するための代償だったのです。また人間は直立二足歩行を選んだことで、心臓は常に重力とも戦っています。世界保健機関（WHO）が発表した死因の第1位が心臓病であることから

も、人間は前肢の自由を手に入れた代わりに心臓に負担をかけることになったと考えることもできます。猫や犬の動脈硬化が少ないのではなく、動脈硬化は人間だけが起こしやすい疾患だったのですね。

※注意：コレステロール値の異常な上昇は猫にとっても有害です。また動脈硬化の心配は少ないですが、他の病気が原因でコレステロール値が高くなっている可能性もあります。特に肝胆道系疾患、膵炎、糖尿病など猫に多い病気で値は上昇するので、検査結果の解釈には注意が必要です。

6. 虫歯知らずって本当?

　猫は虫歯になりません。猫が虫歯になった例はこれまで正確に報告されたことはないので、もし見つかれば大発見になるかもしれません。稀に「うちの猫に虫歯があります」と来院されることがありますが、歯が欠けた後に黒ずんでいかにも虫歯のように見えている状態であることが多いのです。ちなみに、犬は虫歯になることがありますが、人間に比べるとかなり稀です。いくら歯を磨いても虫歯になってしまう人からしたらなんとも羨ましい限りです。では、猫はなぜ歯磨きをしなくても虫歯にならないのでしょうか。

《人と猫の歯の機能の違い》
　人の奥歯は臼歯と呼ばれ、文字どおり「臼（うす）」のような形をしています。人間は上下の臼歯で食べ物をすり潰すためにこのような形をしています。それに対して猫の奥歯は裂肉歯と呼ばれます。文字どおり「肉を引き裂く」ことを目的としたもので、上下の裂肉歯がハサミのような働きをして肉を切断します。
　人間の虫歯は奥歯に見られることが多くあります。これは歯と歯が噛み合わさる部位（咬合面）が一番歯垢が溜まりやすいからです。

猫の奥歯はハサミのように働くので咬合面が少なく、虫歯になりにくいのです。さらに歯の亀裂やくぼみも少ないので、歯垢が溜まりにくいというわけです。

《甘いものを食べない》
　歯垢内の細菌が食べ物の中の糖質を発酵させると酸が発生します。その酸が歯を溶かすと虫歯になります。「甘いものを食べ過ぎると虫歯になる」と小さいころから言われるのはこんな理由があるからです。しかし猫は基本的に甘いものを食べません（食べる猫もいますが……）。舌は甘味を感じないと言われているので、甘いものにはあまり興味がないのです（興味津々な猫もいますが……）。そして猫は本来完全肉食動物なので穀物等の炭水化物（糖質＋食物繊維）もとらないため、虫歯が発生しにくいわけです。

《唾液がアルカリ性？》
　犬の唾液は人間よりも pH が高く、アルカリ性です（人間の唾液は弱酸性）。虫歯菌が酸を産生し歯の周りが酸性に傾く（pH が低くなる）と歯が溶けるので、唾液がアルカリ性であると虫歯になりにくいと言えます。
　猫はどうでしょうか？　実は猫の唾液の pH は人間と同じぐらいです。犬と同様猫の唾液もアルカリ性というのはガセ

ネタでした。唾液がアルカリ性だから虫歯にならないという理屈は犬だけに当てはまります。

《虫歯を起こす細菌がいない》
　人間で虫歯を起こす最も有名な口腔内細菌はミュータンス菌（Streptococcus mutans）です。ミュータンス菌は最初から人間の口の中にいるわけではなく、食事の口移しや食器の共有によって感染する細菌です。猫の口の中を調べた結果、ミュータンス菌が全くいないことがわかりました。犬では毎日お菓子をもらっている場合、一時的にミュータンス菌が見つかった例が報告されていますが、基本的にはいません。

　日本大学松戸歯学部の名誉教授である平澤正知先生は、様々な動物の口腔内細菌を調べた結果「肉食動物に虫歯菌はいないのでは」と推察しています。蜂蜜が好きなクマや、果物を食べているゾウ等からは虫歯菌が見つかっています。砂糖を含んだ食べ物を食する機会がある動物では、突然変異、あるいは虫歯菌が適応して口の中に住みつくようになったのではないでしょうか。

《まとめ》
　猫に虫歯がない一番の理由は「虫歯菌がいない」からでしょう。しかし猫も定期的に糖分を与えると、犬のように虫歯

菌が住みつく可能性はあります。猫で治療が最も難しい疾患の1つである歯周病を起こす歯周病菌は、猫の口の中にもいることがわかっていますので、虫歯にならないからと言って「猫はデンタルケアをしなくてよい」という理由にはなりません。歯周病予防として定期的なデンタルケアは強くお勧めします。歯の磨き方については、P.164第4章「1.歯磨きをしよう！」を参考にしてください。

7. 飲水量を測ってみよう

《多飲多尿は病気のサイン》

　猫はあまり水分をとりません。それは猫が砂漠からやってきた動物というのも関係しているかもしれません（猫の祖先については P.110 第3章「1. うちの猫はどこから来たの？」）。

　猫の病気のサインの1つに「飲水量の増加」があります。多量の水を飲んでたくさん尿をすることを獣医学では「多飲多尿」と呼びます。多飲多尿が起こる病気として慢性腎臓病、糖尿病、甲状腺機能亢進症などがあります。どれも猫に多い病気です。動物病院でこれらの病気が疑われると獣医師から「尿量が増えていませんか？」と聞かれるでしょう。

　しかし、尿量の変化はわかりにくいものです。急激に増えればすぐにわかりますが、慢性腎臓病などは数カ月の間に少しずつ増えるので、毎日トイレ掃除をしている飼い主さんは気づきにくいかもしれません。そして、猫砂に吸収された尿

量を測ることは不可能です。尿量が増えている場合は、水分を補うためにたくさん水を飲みます。猫はほとんど汗をかかないため、飲水量からおおまかな尿量を推定することができます。下記の方法で測ってみましょう。

《測定の方法》

　測定の方法と言っても特別なことはしません。注意する点は、通常水は半日ほど放置したままだと思いますので、自然に蒸発する水分を計算に入れることです。蒸発する量は微量ですが、猫の飲水量は元々少ないので、しっかり計算に入れましょう。

①いつも使っている水飲み皿に、200 〜 300mlほど水を入れます。

②同じ容器に同じ量の水を入れ、隣に置きます。こちらは猫が飲めないように網で蓋をします。これは蒸発した水分を測定する用です。

③12時間後に最初に入れた量から気化した量、残っていた量を引きます。

例）300mlの水が200mlになっていた。網をしたほうの容器は280mlだった。

　300ml － 20ml（気化分） － 200ml ＝ 80ml
これが半日の飲水量です。

④これをもう一度繰り返します。猫によっては、夜間に飲水量が多いこともあるので必ず2回行い、1日の飲水量を測定してください。

《正常な1日の飲水量》
　1日、体重1kgあたり、50ml以下です（『Small animal internal medicine 5th』より）。これを超えると多飲と言えます。

例）体重5kgの場合、5kg×50ml ＝ 250ml以下

●ウェットフードを食べている場合
　ウェットフードを食べている場合は、フードに含まれる水分量を引かなくてはいけません。

例）体重4kgの猫が1日あたりウェットフードを175g食べている。どのくらい水を飲んでいたら多飲と言えるか。ウェットフードは1g＝1ml、水分比率は75％とする。

この猫の多飲の基準値

　4kg × 50ml ＝ 200ml 以上なら多飲

　ウェットフード中の水分量　175g × 0.75（75％）＝ 131.25 ml

　よって　200ml － 131.25ml ＝ 68.75 ml 以上飲んでいれば多飲と言える。

　ちょっと計算が面倒ですね。ウェットフードの水分比率によって変わってきますが、**簡易的には　体重 × 20 ml 以上飲んでいると多飲と言えます。**

●**水飲み場が複数の場合**

　これは面倒ですが、各水飲み場の減少量を測るしかありません。気化分を測る用の網掛け皿は1カ所に設置すれば十分でしょう。

●**多頭飼いの場合**

　測定するためには1日別行動にしましょう。ケージなどに入れると異変を感じて飲水量が減る可能性があるので、どこか1室フリーに動ける場所で測定してください。

《まとめ》
　飲水量の測定は自宅で測定可能かつ費用はかからない上に、猫に多い様々な病気を診断するきっかけになります。健康診断はちょっと連れて行くのが大変、費用が気になるという方でも簡単に行えます。特に慢性腎臓病、糖尿病、甲状腺機能亢進症などの病気は高齢の猫で多いので、10歳以上の猫が家にいる場合は一度測定してみましょう。

※注意：飲水量が正常だからといって上記の病気を除外できるわけではありません。多飲を示す疾患でも、初期の場合は飲水量が正常なこともあります。

8. 猫とタバコとリンパ腫の関係

《タバコは猫の健康にも影響する？》

　どうやら猫の場合、タバコの影響でリンパ腫の発生率が高くなるようです。「タバコを吸う家庭の猫はタバコを吸わない家庭の猫に比べリンパ腫になりやすい」という研究データを発表した論文が2002年に出ています。

　この論文ではタバコを吸う家庭の猫は吸わない家庭の猫に比べ、平均2.4倍リンパ腫に罹る可能性が高かったと報告しています。そしてその危険性は喫煙期間、タバコの本数、喫煙者の数に比例しました。5年以上の喫煙期間の場合3.2倍、一日20本以上吸う場合は3.3倍、2人以上の喫煙者がいる家庭では4.1倍リンパ腫に罹る猫が多くなりました。

　猫は副流煙による受動喫煙だけでなく、毛についたタバコの粒子を舐め取ることで発癌性物質を口からも摂取してしまいます。今回のデータでも従来のリンパ腫のデータよりも消化管に発生するリンパ腫の割合が高かったことは、口からの摂取による影響が考えられます。また室内飼いの猫は外出しない分、人間よりも受動喫煙の量が多くなるのでしょう。

　他にも、タバコが口腔内扁平上皮癌の発生率を高めている可能性も報告されています。ここはひとつ愛猫のために禁煙

してみるのはいかがでしょうか。自分の健康のために禁煙するよりも続くかもしれません。

9. アロマは危険!?

　アロマテラピーは花や植物に由来する芳香成分を用いて、心身の健康や美容を増進する効果があると言われています。最近ではアニマルアロマテラピーといった、動物向けのアロマもあります。しかし猫に関しては少し注意が必要です。

《猫がいる家でアロマをたいてはいけない？》
　猫がいる部屋ではアロマをたかないほうがよいのか、ネットで検索すると様々な情報が出てきて混乱してしまうかもしれません。結論を先に言ってしまうと、たかないほうが安全です。「安全」というのは、まだ猫とアロマの毒性に関して未知の部分が多いからです。
　アロマテラピーに使われる精油（エッセンシャルオイル）を舐めた猫が死亡した例や、毎日アロマをたいた部屋で一緒に住んでいた猫が、血液検査で肝臓の値が著しく高かった例が報告されています。なぜアロマテラピーが猫の体に合わないのか、順を追って説明していきましょう。

《アロマテラピーに使われる精油とは》
　精油とは、特定の植物から抽出して製造されたものです。植物から抽出された純度100％のもののみを精油と呼び、ア

ルコール等の不純物が混ざっていてはいけません。1mlの精油を製造するのにその100から1000倍の質量の植物が必要なため、種類によっては大変貴重で高価になります。100%天然植物由来の精油ですが、特殊な製造行程により極度に濃縮されているため、人間でも誤って飲み込んでしまうと危険です。

《精油が危険な理由》

精油が危険な一番の理由は、猫の肝臓の機能が犬や人間とは少し違うからです。肝臓の重要な働きの1つに、解毒があります。肝臓は体にとって有害な物質を無害な物質に変化させています。猫の肝臓には、重要な解毒機構の1つであるグルクロン酸抱合がないことがわかっています。そのため、本来グルクロン酸抱合で分解されるべき精油の一部の成分が解毒できず、体に溜まって悪影響を与えているのです。同様に、グルクロン酸抱合の能力が弱いとされるフェレットでも、精油の毒性が出やすいことがわかっています。

猫が人間や犬と最も異なる点は、完全肉食動物だということです（ネコ科の動物は肉を摂食しないと生きていけない完全肉食動物です）。そして、フェレットも完全肉食動物です。猫とフェレットのグルクロン酸抱合の能力が低いのは偶然ではないでしょう。野生の完全肉食動物は植物をあまり摂取し

ないため、肉食に合った肝機能が残り、グルクロン酸抱合など不必要な能力は退化したのだと考えられます。

　また、ユリ科植物が猫にとって危険であることは有名ですが、他にもサトイモ科、ナス科など数多くの植物が猫に対して毒性があります。すべての植物が危険というわけではありませんが、私たち人間や犬が食べても問題ない植物でも危険なことがあると覚えておいてください。

　猫によっては猫草、キャベツやレタスが大好きな変わり者もいます。猫が食べても大丈夫な植物であれば、大量に食べなければ問題ありません。しかし精油には植物の有機化合物が何倍にも濃縮されているため、少量でも中毒を起こしやすいのです。そして精油の毒性の怖いところは蓄積性がある点です。アロマテラピーを数年にわたって継続してきた結果、ある日突然症状が出ることもあります。

《猫に安全なアロマはないの？》
　ここまで精油の危険性について強く書きましたが、精油の中には比較的毒性の少ないものもあります。また、精油の製造過程の副産物である芳香蒸留水（ハイドロゾル）であれば、猫に使用しても安全という意見もあります。

　しかし、精油を長期的に猫に使用した研究やデータはいまだに少なく、理論的に問題が無いと言われている精油でも今

後猫に対する毒性が出てくる可能性があります。例えば、ユリ科植物が猫に致死的な腎不全を起こす原因が詳しくわかっていないように、まだまだ猫と植物毒性に関して科学的に解明できていないことが多いのです。よって、現段階ではハイドロゾルのアロマをたくことも避けたほうがよいと言うことができます。

　また、すでにアロマテラピーが生活の一部になっている方もいます。そういう方は、猫がアロマを誤って舐めないように厳重に管理する、アロマの頻度を減らす、猫がいる部屋ではたかない、よく換気をするなど、精油が猫の体内に入らないようにしてください。猫はお風呂に溜まった水を舐めたりするので、アロマバスなどをしている場合は浴槽に入れないようにしましょう。

　精油の中にも特に毒性が強いものがあります。これらの種類の精油は避けましょう。また定期的に健康診断を受け、その際には家でアロマをたいていることを相談し、肝毒性などの副作用が出ていないかチェックしましょう。

《専門家に相談して正しい認識を》

　アニマルアロマテラピーに関心がある飼い主さんから、愛猫のストレス軽減や、皮膚病に対してアロマテラピーを試してみたいと相談されることがあります。アロマテラピーで自

分の症状が改善した経験がある飼い主さんが、「アロマの効能を猫ちゃんにも！」と思う気持ちはよくわかります。猫でもハイドロゾル等を使ったアロマテラピーがあります。

　しかし上記の理由から、専門家ではない方が独学で猫のアロマテラピーを実践することはリスクが高いと言えます。もし興味があるというのであれば、まずアニマルアロマテラピーに精通した獣医師に相談してください。猫のアロマテラピーのメリットとデメリット、そして起こり得る副作用について正しく認識することが大事です。

《まとめ》
　アロマに限らず、人間用の薬やサプリメントでも猫にとっては危険なものは多数存在します。動物で中毒のデータ数が集まりにくいのは、実際に現場を目撃しない限り「何」を「どのくらい」飲み込んだのかわからないからです。若くて健康だったのに突然ぐったりしてしまった原因が見つからなかった猫の中には、こうした中毒の例も多いのかもしれません。

　人間や犬とは肝臓の解毒機能が違うということをしっかり頭に置いておく必要があります。猫のためにと思ってやったことが、皮肉にも健康を害してしまうような悲しいことにならないよう、何かを投与する際は飼い主さんだけで判断せず必ず獣医師に相談しましょう。

診察現場から

猫にハマるお父さん

　子供の希望で猫を飼い始めた結果、猫嫌いだったお父さんが溺愛するようになることは、決して珍しいことではありません。猫嫌いを装っているお父さんはしつこくちょっかいを出さないので、猫に気に入られます。不思議と自分の近くにくる猫にお父さんも悪い気はしないというわけです。

　当院でも、最初は車の運転要員として娘さんに連れられていたお父さんがいました。猫はペタという名前のスコティッシュフォールドでした。お父さんは順番が来ても診察室にも入ってこず、猫に興味がないのがすぐにわかりました。ペタは皮膚病だったので、しばしば来院していました。しかし2歳、3歳になるとお父さんも診察に参加して、鋭い質問をするように。その後はいつのまにかほとんどお父さんが1人でペタを病院に連れてくるようになりました。

　今では、診察中のペタを赤ちゃん言葉で励ましています。家族の前でも赤ちゃん言葉を使っているかは定かではありませんが、ここまで人は変わるのかと驚きました。猫と言えば女性が可愛がっているイメージがありますが、最近では猫好きの男性が本当に増えていると感じます。

第 2 章　行動学
～どうして？ なぜ？を解明～

1. オス猫の発情サイン♂

　オスの発情サインとしては、尿スプレーが非常に有名です。これを防ぐ目的で去勢手術を決心する方も多くいらっしゃいます。しかし尿スプレーをしない猫もいますし、他にもオスの発情サインはあるので紹介していきましょう。

《特徴的なサイン》
●尿スプレー
　尿によるマーキングでテリトリーをアピールします。オスの交尾行動にとってテリトリーはとても大切なもので、狭すぎると繁殖能力が減少すると言われています。
　では、尿スプレーとトイレ以外の場所での排尿は、どのように区別するのでしょうか？　尿スプレーの場合は、鼻の高さぐらいの対象物に向かって地面と水平に発射します。そのときしっぽがピクピク動くことも。トイレ以外の場所で排尿するときは、砂箱でするように座ったまま下方向に排尿しますので、排尿姿と尿がついている高さで区別できます。

●ケンカ、放浪
　繁殖季節中はオスの興奮性が増し、テリトリー争いでケンカが増えます。猫の繁殖季節である春から夏にかけては、夜

中に猫同士のケンカの叫び声を聞くこともあるでしょう。室内飼いの猫はメスを探して外に出たがることも。この時期は他のオスが自分のテリトリーに入ってくるという不安で臆病になったり、攻撃的な性格を見せたりすることがあります。

●陰茎にトゲが生える

これは行動と言うより、性成熟しているかの見極め方です。精巣からのホルモンによって猫の陰茎にトゲが生えます。未去勢と去勢済みのオスの陰茎を見比べると一目瞭然です。陰茎のトゲが生え始めるのはだいたい6〜7カ月齢、トゲが生えていれば性成熟していると言えるでしょう。

しかもこのトゲの形成にはホルモンが関係しているので去勢手術をすると消えます。「去勢手術をしたのに交尾行動が止まらない、メスに乗っかろうとする」ときは、まずここを

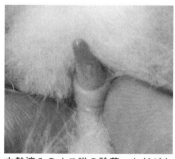
去勢済みのオス猫の陰茎。トゲがない！ツルツル

去勢していないオス猫の陰茎。トゲがある！ギザギザ

チェックするとホルモンの影響（潜在精巣など）によるものなのか、環境やストレスによるものなのか区別できます。

《なぜトゲが生えるの!?》
　猫は犬や人と異なり、交尾をした刺激が引き金となって排卵します（交尾排卵動物）。したがって、トゲによる刺激で確実にメスを排卵させることで、他のオスとの交尾を妨げるためです。オスはメスに比べてこれらのことに注意すれば、性成熟しているか否か判断しやすいでしょう。去勢手術をしたオスの90％は、術後これらの問題行動が見られなくなりますが、残りの10％には残ってしまいます。スプレー行動が続くと室内飼いが困難になるので、これらの行動が出る前に去勢手術をすることをお勧めします。

　最後にタイトルに関してですが、オスに対して「発情」という言葉は適切なのでしょうか？　辞書で調べると、「発情：広義には動物が交尾可能な生理状態にあること。狭義には成熟した哺乳類の雌が、雄の接近を許し、交尾に応じることのできる生理状態にあること」とあります。
　狭義、つまりより専門的な意味で使われる場合は、メスに限定的な言葉になります。ですから動物の専門家である獣医師がタイトルに「オス猫の発情サイン♂」とつけるのは正確

第2章 行動学〜どうして？ なぜ？を解明〜

には不適切かもしれません。しかし、今回はよくある間違いとしてタイトルはそのままにしました。本来はオスの場合、発情でなく「性成熟」や「交尾行動」と言ったほうが適切です。

2. メス猫の発情サイン♀

　メスの発情は判断に迷うことが多々あります。
　まず初歩的な間違いとして「おしりから出血がないのでまだ発情は来ていないはず」と言われることがあります。猫は、犬のような生理出血が起こらないことがほとんどです。「これがあれば絶対に発情が来ている」と確信できるサインは少ないですが、注意深く観察するといくつか特徴的な行動があるので紹介していきます。

《特徴的なサイン》
●ロードシス
　ロードシスとはオスを受け入れるための姿勢です。文章で説明すると「胸部と腹部を床に着け、後肢を体よりも後ろに置き、後肢を垂直に立ておしりを持ち上げる」。よくわかりませんね。画像で見ると一目瞭然です。特におしりを上げる動作が特徴的です。

ロードシスの態勢

●こすりつけ行動

　頭や首を執拗にこすりつけてくることです。これは発情前期に見られる行動です。飼い主さんは「あれ？　この子人懐っこくなったかな」と感じると思います。個々の性格によってもともとスリスリしてくる頻度が高い猫もいるので、その場合は判断が難しくなります。

●ローリング行動

　文字どおり横転を繰り返します。ゴネゴネと伸びをしながら、ゆっくりまたは激しく横転します。マタタビを与えたときの反応と近いものがあります。

●いつもより高い鳴き声

　抑揚のない遠吠えです。長いときは1回に3分間続くこともあるそうで、連続的に鳴くパターンもあります。しかし、全く鳴かないメスもいます。

●尿スプレー

　尿スプレーはオスのマーキング行動として有名ですが、メスもします。トイレを覚えたはずなのに変なところでやってしまう。この尿と「こすりつけ行動」でつけた脂肪性の分泌物によってオスを引きつけます。

●その他

　若いメスはあまりサインを出さないことがあります。最小限のサインとして興奮する、食欲がなくなる、内向的になる等がありますが、それがサインなのか他の病気なのか見極めることは困難です。

　通常のメスの場合、オスのマウンティング（メスに後ろからおおいかぶさる）やネックグリップ（メスの首を咬んで動けなくすること）を激しく拒絶しますが、発情期のメスはオスを受け入れます。これが見られれば発情していると断言できます。しかしオスがいないとわからない、しかもこうなってからではもう手遅れです。

　さて、いくつかサインを挙げました。特にロードシス、ローリング、いつもより高い鳴き声は特徴的な行動なので、これらが見られたら可能性はかなり高いと言えます。また、避妊したはずなのに発情行動をするというのは、卵巣遺残の可能性があります。卵巣遺残とは避妊手術の際に卵巣の一部が体に残ってしまい、卵巣が再生することです。

　目に見えないぐらいの卵巣の細胞が残っているだけでも再生してしまいます。卵巣遺残は、避妊手術から数年たった後でも起こることがあります。疑わしい場合は動物病院で血液中のホルモンを測定することをお勧めします。

《綿棒で排卵を促す方法について》
　湿らせた綿棒で膣を刺激して排卵を促し、黄体期にすることで発情期を終わらせる方法があります。猫は交尾排卵動物といって、交尾をした刺激で排卵します。綿棒の刺激を交尾と勘違いし、成功すれば理論上40日（黄体が退行するまで）は発情が来ません。しかし、慣れない方がやると上手く排卵させられないだけでなく、膣粘膜を傷つける可能性があるためお勧めできません。

《オス猫がいない環境での猫の発情周期》
　1回の発情の日数（発情前期～後期）：10～14日間（初回発情は5～10日）。
　次の発情が来るまで（非発情期）：平均9日（最短5日、最長22日という研究報告があります）。
　繁殖周期：春と夏に多い。年2～3回（緯度によって変化、室内環境だと1年を通して性周期があることも）。

3. 突然カプリ
―撫ですぎ猫反撃行動―

　猫を撫でていて気持ち良さそうに喉をゴロゴロ鳴らしていたのに、突然嚙まれてしまった経験はないでしょうか？　この現象は全世界の猫で見られるようで、英語では「Petting induced aggression」と言われています。これを日本語にすると「愛撫誘発性攻撃行動」となり、獣医行動学の参考書にもこのように書かれています。

　愛撫という言葉は日本では性的な意味で使われることが多いのと、漢字が長くて堅苦しいので私は飼い主さんに説明するときに「撫ですぎ猫反撃行動」と言っています。これは、猫のほうから「撫でてくれ〜」と近づいて来た場合にも起こるので、嚙まれたほうは混乱します。「自分から近づいてきたのに嚙むなんて、やはり猫は自分勝手だ！」と猫のマイペースさを際立たせる行動ですが、実は事前にサインを出しているか撫でる人に問題があるのです。

　猫が反撃に移るのは①撫でるのが長い、②撫で方が下手のどちらかです。

①撫でるのが長い
　まず猫が膝の上に乗ってきて頭をゴシゴシ押しつけてくる段階では、猫としては「撫でてほしい〜」のです。しかし、

ある程度撫でられて満足すると「もういいや〜」と思い始めます。このとき猫の出すサインを見逃すと攻撃されます。
〔1〕しっぽを振る
　犬と違い、猫がしっぽを振るのはイライラのサインです。人間の貧乏揺すりに近いと思います。
〔2〕顎を押しつける力が弱くなる
　顎を撫でると下に下に顎を押しつけてくる猫は、その力が弱くなるともう満足していることが多いです。
〔3〕耳をたたむ
　これも猫がイライラしているときの代表的なサインです。

若干耳が後ろに。イライラし始めています

②撫で方が下手
　日頃猫と接触しない方が触ると短時間、もしくは一発でイライラが溜まって反撃されます。猫が撫でられて喜ぶ場所は

基本的に自分の舌が届かないところ、つまり顎の下や耳の付け根などです。背中やお腹は自分でお手入れできるのであまり好まれません。手足の先は敏感なので嫌がる猫が多いです。また、手全体を使ってゴシゴシ撫でるのも嫌がられます。猫にとっては接触面積が大きすぎるのでしょう。

　突然の反撃で怪我をしないように気をつけてください。また撫ですぎ猫反撃行動をした猫に対して怒ったり、さらなる反撃は絶対にしないでください。猫と飼い主さんの信頼関係が崩れて近づいてくれなくなってしまうかもしれません。

4. 突然高所から飛び降りる
―フライングキャットシンドローム―

フライングキャット症候群（flying cat syndrome）、またはハイライズ症候群（high-rise syndrome）、猫高所落下症候群も同じ意味です。以下、フライングキャットシンドロームで書いていきます。英語で検索すると、High-rise syndromeしかヒットしないので英語圏ではこちらのほうが一般的なのでしょう。

フライングキャットシンドロームとは、高層マンションなどから猫が落下する事故が多発したため名前がつけられました。猫は運動能力が高く、少々の高さから降りても問題ありません。しかし、フライングキャットシンドロームの猫は数十階あるいは数十メートル単位の高さから突然飛び降りることがあります。そして症候群と名がつくように、一度飛び降りた猫は何かに取り憑かれたように再度落下することがあります。

《なぜ飛び降りてしまうの？？》
①鳥や虫に夢中になって落ちた？
　しかし、虫がいないぐらいの高さのマンションからも飛び降りるので、必ずしも獲物に向かって飛んでいるわけではないと思われます。

②あまりに高い場所になると遠近感がつかめずどのくらい高いかわからなくなる？

猫はそこまで視力が良くありません。まぬけな話ですが、突然数十メートルの世界に行ったらそう感じてしまうのかもしれません。

フライングキャットシンドロームの明らかな原因は不明です。なぜ都会で猫にだけ落下事故が多いのか、個人的にはテラスやベランダの手すりなどに上ることができるペットが猫しかいないからではないかと思っています。

《落下する高さと怪我のリスク》

猫はバランス感覚に優れ、落下中に体勢を整えるので落ちても無傷なこともあります。時間的猶予があれば体勢を整え、また足周りの皮膚を広げてムササビのように空気抵抗を稼ぎ落下速度を落とします。そのため、7階以上から落下したほうが怪我が少ないのではないかと経験的に言われています。つまり、もし同じような状況で落下した場合に怪我しやすい順に並べると、「3〜7階＞7階以上＞2〜3階」となります。もちろん、あまりに高すぎるのはさすがの猫も無理でしょうが、計算上は猫の体重と体積からするといくら高くから落ちても時速100kmは超えません。

高所からの落下は様々な報告がありますが、どれが最も高

いかは不明です。アメリカ・ボストンに住む白猫のシュガーは19階から落下し、軽度の肺挫傷以外無傷でした。

さて、フライングキャットシンドロームについて調べていると「猫は高いとこから落ちても大丈夫なんだ！！」と錯覚してしまいますが、これらは非常にラッキーだった事例です。たとえ2階から落ちても亡くなってしまう猫がいることを忘れてはいけません。

[2012年：ハイライズ症候群の84匹の猫の報告]
この論文では、フライングキャットシンドロームで飛び降りてしまった猫の怪我や生存率をまとめています。平均落下階数は2.65階で、落下後生存したのは98.8%。さらにその後、後遺症により安楽死をした猫を死亡頭数に加えると、生存率は94%であったと報告しています。つまりそれほど高くないところから落ちても6%の猫は亡くなる、あるいは重大な後遺症が残ることを意味しています。6%は決して低くない数字だと思います。

高所から落下した場合、怪我をしやすい部位は四肢、顎、頭蓋、胸部です。外見上異常がなくても肺が破れていたり骨折していることがあります。2階以上で猫を飼っている方は、低層階だからと安心してベランダに猫を出さない、窓を開けっ放しにしないなどを徹底することが最大の予防です。

他にも少し古い論文になりますが、次の報告があります。

「1987 年：ハイライズ症候群の猫 132 匹のまとめ。そのうち 37% の猫が緊急治療を必要とした。生存率は全体の 90%」

「2004 年：ハイライズ症候群の猫 119 匹のまとめ。落下した猫の生存率 96.5%」

5. トイレ後のダッシュ!!!
― トイレハイ ―

「うちの猫がトイレから出た後、突然走り出します。おしりが痛いのでしょうか？」と聞かれることが度々あります。

　何匹も猫を飼っている方なら、猫がトイレから出た後に猛然と家の中を駆け抜ける姿を一度は見たことがあるでしょう。それを誰が名づけたか、トイレ後のハイテンション「トイレハイ」と呼ぶそうです（うんちのときだけのため、別名うんちハイ）。語呂がよいので私も説明するときに使っています。トイレハイは猫によって様々で、ひたすら駆け抜ける猫、爪をガシガシ研ぐ猫、雄叫びをあげる猫など。またトイレの前に起こる猫もいます。

《なぜトイレハイが起こるの？》
いくつかの本で調べてみたところ、色々な説がありました。

①テリトリー
テリトリーを持つ猫は、狩りへの道筋や高い場所にうんちをすることがあります。さらにこのうんちは砂で隠さないようです。しかし目立つところでうんちをするのは隙だらけで非常に危険、猫としてはかなりの大仕事ということでテンションが上がるという説。

②臭いから逃げる
野生で生活している猫は、うんちやおしっこの臭いがすると周囲の動物に見つかってしまいます。その場から離れようとダッシュするためのハイテンションという説。猫が排泄物を砂で隠すのもそのためかと思います。

③交感神経、副交感神経のスイッチが変わる？
トイレ中は落ち着いてするために副交感神経系が刺激され、トイレ後はその反動で交感神経系が刺激されハイになるとか。それなら他の動物も……と思ってしまいますが。

④気分が良くなって

　単純にすっきりして軽くなったことで、ご機嫌になってハイテンションで駆けずり回る！

　②～④は他の動物でも起こりそうなので、①が一番納得いくと個人的には思います。トイレハイが出たときのうんちはあまり砂で隠せていない気がしますし、必ずしも毎回トイレハイになるとは限りませんよね。しかし、猫は糞便によるマーキングはしないとも言われているので、それが本当であれば矛盾してしまいます。犬でもトイレハイに近い状態になるとも聞きます。ただ猫のような異様なハイテンションではないようです。

※注意：基本的にトイレハイは病気ではありませんが、中には本当に便秘で苦しい、肛門腺に炎症が起こっている、膀胱炎になっているなどの病気の猫もいますので、少しでも気になることがあれば動物病院に相談することをお勧めします。

6. 白衣症候群
―ホワイトコートエフェクト―

　アメリカ・ダラスの猫学会に参加した際、猫の白衣症候群（白衣高血圧）についての話が出ましたのでご紹介します。英語では white coat effect と呼ぶそうです。

　白衣症候群とは「白衣を着ている医者の前で血圧を測ると、いつもより高く測定されてしまうこと」です。緊張や恐怖によってドキドキバクバクしてしまうのは容易く想像できます。医師より看護師が測ったほうが日常の血圧に近い数字が出るようです。

　さて、猫はどうでしょう。病院に来る猫の表情を見ているとかなり上昇していそうです。猫の白衣症候群について実験をした人が「猫における白衣症候群の影響」という論文を出しています。

　この論文ではホルター血圧計を猫につけてもらい、正常時と動物病院に行ったときの血圧を測定し比較しました。結果は、病院では正常時より平均 17.6mmHg 高くなりました。猫によってかなりバラつきが見られ、最大 75.3mmHg、逆に － 27.2mmHg と病院に来たほうが下がった猫もいました。このバラつきは性格によるものが大きいと思います。病院だと異常に興奮してしまう猫もいるためです。

さらに、同じ猫でも上昇する幅は日によって毎回異なるので、血圧検査結果の解釈には注意が必要です。「猫が病院に着いてから血圧が落ち着くまで90分以上かかります。しかし飼い主さんに90分病院で待っていただくことはできません。10分待てばある程度は落ち着くので、最低10分は待ってから測ることをお勧めします」と学会では教わりました。

　人間同様、どうしても白衣症候群の影響は出てしまいます。できる限り時間を置いて、さらに獣医師だけでなく飼い主さんに寄り添ってもらい、少しでも猫がリラックスしながら測ることが大切ですね。

7. 猫の集会
―開催理由と参加資格―

　猫の集会とは、夕方から夜にかけて野良猫が空き地や駐車場で開催する会合です。獣医学の本には、主にテリトリーの中立地に地元の外猫が集まり、約4ｍの距離を保ち、ゆるやかな円を描いて座る、と記されています。そしてそのまま静かな集会は数時間続き、終わるとそれぞれのテリトリーに帰って行きます。

　特に会話をするわけでもなく、各自毛繕いや昼寝をするだけ。10匹以上の猫が集まる集会からは異様な雰囲気が発せられています。

《参加資格は？》

　猫の集会の参加資格は、地元の猫みんなにあるようです。特にケンカが強いオス猫や年配猫だけでなく、メス猫やメス猫に連れてこられた子猫も参加しています。さらに、野良猫しか集まれないわけではなく、人間に飼われていて出入り自由の猫もいます。自分の家の猫が集会に参加している姿を目にすると、授業参観でわが子を見ているような気持ちになるでしょう。

第2章 行動学〜どうして？ なぜ？を解明〜

《なぜ集会を開くの？》

様々な仮説があり、はっきりとした理由は不明です。本来猫は単独狩猟動物です。つまり、交尾や子育ての時期を除いて他の猫と接触することはほとんどありません。ではなぜ、このときだけは集合するのでしょう。

[仮説１：地域コミュニティの形成]

猫は非常にテリトリーに敏感な生き物です。人間の生活圏の外で住んでいる猫、いわゆるヤマネコは広大な土地の中で、食料が分散されている環境にいます。そのため猫が一極集中することはなく、お互いのテリトリーには侵入する必要がありません。

2－1

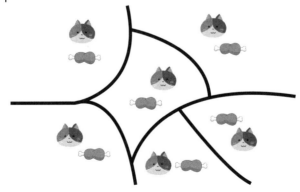

広いスペースがあるヤマネコのテリトリー

しかし人間と共生している猫の食料は残飯や、エサをくれる限られた人間です。そのため食料が一部に集中し、猫もその場所に集まります。結果、人間と共生するイエネコは食料が集まる一部のエリアの周囲に各自のテリトリーを持ちます。食料を得るためには他猫のテリトリーの近く、またはテリトリーを越えて行かなくてはいけません。

2－2

都心部で暮らすイエネコのテリトリー

共通のエサ場を地域の猫たちで守るために協力しているのではないでしょうか。そのために定期的に猫の集会を開いて

新参猫が来ていないか、おじいさん猫が亡くなってテリトリーが変わっていないか、などを確認しているのです。

猫は非社会的でお互いが協力することはないと長年信じられてきました。しかし、最近では特に都心部の猫において、「共通する利益があれば、血縁関係のない猫間でも協力行為をする」という考え方も受け入れられるようになってきました。

[仮説2：政治的な話し合い]

仮説1から一歩進んだ説です。いわゆるボス猫を決めようとする会議が行われているのではないでしょうか。人間から見ると静かにしているようですが、実は位置取りやポーズで他の猫を牽制しているのかもしれません。

犬や猿の社会では1頭ごとに明確な順位が決められており、これを直線的順位制度と呼びます。

2－3

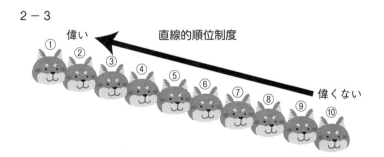

また、ネズミや魚の群れでは1匹だけのリーダーを選び、それ以外は平等な社会です。これを独裁制度と呼びます。

2－4

独裁制度

　しかし猫はこういった制度を採用していません（2－5）。集団で生活する猫でさえもほとんどの時間を1匹で過ごします。支配的なオス猫が現れることはあっても、犬や猿ほどの特権が与えられることはありません。

2－5

よって、現時点では政治的な話し合い説の信憑性は低いでしょう。しかし、上記のような猫の集団を調べた研究は農場などの広大なスペースで暮らしている猫を対象にしています。都会の密集エリアではリーダー猫が存在するのかもしれません。

[仮説３：猫の街コン]
　繁殖シーズンに限れば、パートナー探しの意味合いもあるようです。実際に集会中に交尾をする姿を目撃したという情報もあります。けれども、繁殖シーズン以外にも猫の集会は開催されていることから、これがメインの目的とは考えにくいでしょう。

[仮説４：深い理由は特にない]
　人間は猫を見ると、その行動１つひとつに理由があるのではないかと考えます。しかし、猫の性格から察するに深い理由はなく、「たまには他の猫でも見に行くか」程度の気持ちで集会に行っているのかもしれません。
「野生動物の行動に意味がない行動はない」とも言われますが、人間と共生している猫は野生と飼育下のちょうど間。そういった行動があってもおかしくはないでしょう。ここまで読んだのに「結局理由はないのか」と思われるかもしれませ

んが、猫の性格を考えると否定はできません。

　さて、今回は４つの仮説を紹介しましたが、最も有力なのは仮説１です。猫は２種類のテリトリーを持っていると言われ、１つは生活するためのテリトリー、もう１つは狩りをするハンティングテリトリーです。都会に住む猫のハンティングテリトリーは、他の猫と大きく重なってしまいます。そのたびにケンカしていては体が持ちません。食料を確保するために、単独生活を諦め徐々に社会的な暮らしをするように変化してきているのではないでしょうか。個人的には仮説４でもおかしくないのではと思っています。一度猫に扮して猫の集会に参加してみたいものです。

8. 布を食べる
―ウールサッキング―

ウールサッキングとは、猫が布を食べてしまうことです。ウールに限らず綿、麻、ダンボールやゴム製品などを口にする猫もいます。「ウール吸い」または穴を空けてしまう場合は「ウール嚙み（wool chewing）」と呼ばれることもあります。

当然、猫はウールを消化できないので、腸に詰まってしまう可能性があります。便と一緒に出せれば問題ありませんが、完全に詰まってしまうと手術が必要なことも。ウールサッキングをする猫の多くは0～1歳ですが、4歳になってから初めてこの行動が出る猫もいます。

《なぜウールサッキングをするの？》

はっきりとした理由はわかっていません。シャム猫やビルマ猫などの東洋系の猫種で多いことから、遺伝が関係しているのではないかと考えられています。羊毛の根元に付着している油分（ウールオイル）を生成したものをラノリンと呼び、このラノリンに反応してウールサッキングが引き起こされていると言われています。

また一部の猫は、人間の腋から出る汗の匂いに反応し、飼い主が着ていたシャツなどを好んで嚙んだり、シャツの上で寝たりすることも。腋の汗の匂いがラノリンに似ているから

と考えられています。ウールサッキングは離乳前から人間に育てられたり、早期離乳した猫に多く見られます。このことから母親にもっと甘えたかったストレスで、吸入行動が残るのではないか、それが過剰になりウールサッキングを起こしているのではないか、とも考えられています。

《治療方法》

残念ながらウールサッキングの治療は非常に困難な場合が多いのですが、少しでも効果が期待できる方法をいくつか紹介します。

①高繊維食フード

繊維を好むのならば、食物繊維を含んだフードを食べさせればよいのでは、と考えられた治療方法です。この治療法は、いくつかの獣医学書に書かれていますが、残念ながら私の経験では高繊維食単独で症状の改善が見られたことはありません。ただしフードを変えるだけなので実践しやすい方法です。

②食事を好きなだけ食べさせる

食事を与えなかったり、不足するとウールサッキングが悪化するため、常に満腹感を与えると改善が見られることがあります。しかし当然ながら肥満になる可能性が高いので、他

の治療法で改善が見られない場合に、最終的な選択肢として検討すべき方法です。

③たくさん遊ぶ
　猫が寂しくないように、短い時間の遊びを複数回行うとよいでしょう。新しいおもちゃ、箱、キャットタワーなど飽きがこないようにしてあげます。また、転がすとフードが出るおもちゃや、部屋のあちこちに少量の餌を隠すなど、猫の狩猟本能を刺激するような工夫も効果的です。

④噛みつく対象に嫌な味や臭いをつける（嫌悪条件づけ）
　古典的な方法ですが、猫がある特定のものだけ（例えば、靴下）を噛みちぎるのであれば効果的です。あえて靴下を出しっぱなしにして、カラシや柑橘系のスプレーなど猫が嫌がる臭いをつけておきます。「靴下は嫌な臭いがするもの！」ということを学習してもらい、近づかなくなるまで続けます。他にも噛みつこうとしたら、霧吹きで水をかける、頭を小突く、摑んで飼い主がいない部屋に連れて行く、など猫にとって不都合なことが起こると覚えさせます。これらを嫌悪条件づけと呼びます。

⑤嚙みつく対象を隠す

　最も効果的な方法です。嚙んだり、食べようとする物を引き出しの中など絶対に届かない所へ隠してしまいます。この方法は布団やカーペットなど何でも嚙みちぎる猫の場合、すべての布製品を隠さなければいけないので現実的に困難なことがあります。

　日中家を空けなくてはいけない飼い主さんの場合は、ケージで猫を布製品から隔離すると日中のウールサッキングを防ぐことができます。

⑥薬を処方してもらう

　一部のウールサッキングをする猫は、強迫性障害が関係しているかもしれないと考える獣医師もいます。強迫性障害とは、不安や不快な考えが浮かんできて、抑えようとしても抑えられない行為を繰り返すことです。人間では何度も手を洗わないと気が済まない、という潔癖性が強迫性障害の例として広く知られています。

　布に嚙みついているときに異常に興奮している場合は、強迫性障害が関係しているかもしれません。そういったケースは、神経伝達物質の1つであるセロトニンを増加させる薬を処方すると症状が改善することがあります。

《まとめ》
　残念ながらこれらの方法を駆使しても、多くはあまり改善が見られません。ほとんどの猫は2歳までには自然にこの行動をやめるので、「それまでは嚙みつく対象から猫を隔離する」というのが現実的な対処方法になってしまうことが多いのです。

9. 喉をゴロゴロ鳴らす
―理由と特徴―

猫の喉からは「ゴロゴロ〜」や「グルグル〜」といった音が聞こえてきます。猫を飼っていると、この音は撫でてあげると鳴らすことが多いと気づきます。英語圏ではpurringと呼ばれ、インターネットで「purring」と検索すると、なぜ猫がこれをするのかと世界中の人が疑問に思っていることがわかります。また一生に一度も鳴らさない猫がいることも、ゴロゴロ音の謎を深める原因の1つです。

《ゴロゴロ音の特徴》

ある研究では、このゴロゴロ音の周波数は25〜150Hzであったと報告されています。そして呼気中（空気を吐いているとき）は2.4Hz高くなるそうです。

※ Hz（ヘルツ）：周波数の単位。Hzが高くなるとより高音に、低くなるとより低音になります。

人間の耳が聞き取れる周波数の範囲が約20〜2万Hzと言われているので、ゴロゴロ音はかなり低音の部類に入ります。猫が聞き取れる周波数は人間より高く、約45〜6万5000Hzとされています。ということは、興味深いことに猫

にとってゴロゴロ音は聞き取りにくい、または聞こえていないことになります。自分で喉を鳴らしているので振動としては感知できているとは思いますが。

またこのゴロゴロ音は、口を閉じているときだけでなく、普通の鳴き声と同時に鳴らすこともできます。そして息を吸っているときも、吐いているときも鳴けるので、長時間ゴロゴロと鳴らすことも可能です。

ゴロゴロ音は喉頭（人間だと喉仏）の筋肉が急速に収縮し、声帯が振動することで鳴っていると考えられています。しかし、喉頭を切開された猫が横隔膜を使ってゴロゴロ音を鳴らすことができたという報告もあります。他にも仮説があり、いまだにそのメカニズムは解明されていません。昔は首の動脈の血流の振動という仮説もありましたが、これは現在では否定されています。

この音はすべてのネコ科動物が鳴らすのではなく、うなり声をあげる大型ネコ類は鳴らさないと言われます。大型ネコ類とはヒョウ属（Panthera）を指し、ライオン（Panthera leo）、トラ（Panthera tigris）、ジャガー（Panthera onca）、ヒョウ（Panthera pardus）がこれに分類されます。

ヒョウ属以外の大型ネコ科動物のピューマやチーターはゴロゴロ鳴らせますが、うなり声はあげられません。うなり声か、ゴロゴロ音か。どちらか1つしか選べないようです。

《なぜ鳴らすの？》

[母子間のコミュニケーション]

　母猫は子猫に近づくときに、ゴロゴロ音を鳴らします。生まれた時点の新生猫は視覚、聴覚はほとんど発達していません。ですから子猫は親猫のゴロゴロ音を振動として触覚で感知します。これが母子間の最初のコミュニケーションになっているのです。

　子猫は2日齢までにはゴロゴロ音を鳴らすようになります。これは子猫が「自分は元気だよ」ということを母猫に伝えていると考えられます。子猫は乳を飲んでいる間は音を鳴らすのをやめます。

[ゴロゴロ音＝スマイル？]

　離乳後の猫がゴロゴロ音を鳴らす場面から推察すると、まずリラックス時に鳴らしていることに気づきます。あるいは満足感を周囲に知らせる手段としてゴロゴロ音を鳴らしているのでしょう。

　他にも挨拶として、または何かを要求するときに鳴らすことから、人の「スマイル」に相当するのではないでしょうか。猫は笑わないですが、ゴロゴロ音が鳴っているときは笑っていると解釈することもできます。

　患猫の中には診察室でずっと「ゴロゴロ」と鳴らしている

猫もいますが、そういう子はきっと陽気な性格なのでしょう。もっとも、聴診が全く聞こえないので困りますが。最近の研究ではフードを要求するときのゴロゴロ音は「soliciting purr」と呼び、普通のゴロゴロ音よりも周波数が高く220〜520Hzであったと発表しています。「soliciting」は日本語にすると「懇願」や「誘い」という意味です。

《ピンチのときのゴロゴロ音　エンドルフィンの影響？》
　しかし、ゴロゴロ音は決してリラックスしているときだけ鳴らすわけではありません。例えば、怪我をしたとき、弱い立場の猫がケンカを避けようとするとき、分娩時、そして死の直前でさえもゴロゴロ鳴らすことが確認されています。

　これは、エンドルフィンなどの神経伝達物質が関係しているとされています。エンドルフィンは脳内麻薬と呼ばれることもあり、鎮痛作用や多幸感をもたらします。美味しいものを食べたり、性的に満足したときなど、欲求が満たされたときに分泌されます。

　また、エンドルフィンは苦しいとき、痛いときなどにも分泌されることがわかっています。動物は苦痛を軽減させるために、自己防衛反応としてエンドルフィンを分泌します。患猫が診察台の上で明らかに緊張してゴロゴロ音を鳴らしている場合は、こちらの理由で鳴らしている可能性が高いでしょ

う。同じ場面でも解釈は正反対になります。

エンドルフィンが放出された結果としてゴロゴロ鳴らすのか、ゴロゴロ鳴らすことでエンドルフィンが分泌されるのか、どちらが先かはわかっていません。どちらにしても精神的、肉体的にピンチのときにゴロゴロ鳴らすのは、エンドルフィンなどの神経伝達物質が関係しているようです。

《骨折の回復を早める？》

医学の分野で骨折した部位に超音波を当てることで、骨折の治癒が早くなることが発見されました。これは超音波が骨の再生を刺激するためと考えられています。猫は昔から骨折が早く治ると言われており、ゴロゴロ音が回復を早めているのではないでしょうか。

猫のゴロゴロ音は 25 ～ 150Hz 程度です。1993 年に 25 ～ 50Hz の振動がウサギの骨折の治癒を早めた、と報告されています。他にもゴロゴロ音が猫の健康に良い影響を与えているという報告は多数見られます。さらに、このゴロゴロ音効果は人間の健康にも良い影響があると言われています。

しかし、現在人間の医療で骨折の治癒に使われる超音波装置は 1 ～ 3MHz（メガヘルツ）、つまり 100 万～ 300 万 Hz 以上です。このぐらいの周波数の超音波を骨折部位に当てると治癒促進効果があるようです。ゴロゴロ音は骨折の治癒を

促進する可能性はありますが、骨折の痛みでエンドルフィンが分泌されたため鳴らしているとも考えられます。

《まとめ》
　いまだに発声方法すらわかっていない猫のゴロゴロ音。鳴らす理由も様々です。猫独特の重要なコミュニケーションであることは間違いないでしょう。「スマイル説」と「エンドルフィン説」で多くの場合、説明がつくのではないでしょうか。まだ視覚、聴覚が発達していない新生猫とのコミュニケーションに振動を使っているとは驚きです。猫のゴロゴロ音だけで1冊の本が書けそうなほど奥が深いテーマでした。

[おまけ　ゴロゴロ音を止めるには]
　ゴロゴロ音はあえて止める必要がないのですが、あるときだけ音を止めてほしいことがあります。それは聴診時です。聴診中にゴロゴロゴロゴロ〜と鳴っていると心臓の音が全く聞こえません。世界中の獣医師の悩みです。そこでゴロゴロ音を止める方法を論文にして発表した人たちがいたので紹介します。

　論文「聴診中の猫のゴロゴロをどうやって止めるか？」では3つの方法を使って猫のゴロゴロ音を止めようとしました。

①耳に息を吹きかける。
②アルコールを薄めたスプレーを猫の近くにかける。
③水を流した状態の水道水の近くに猫を連れていく。

　結果として、③が一番効果的でした。ゴロゴロ鳴らしている猫を蛇口の近くに連れていくと81％もの猫が音を止めたのです。②は13％、①で50％の猫がゴロゴロを止めたのでそちらも効果はあるようです。

　もし聴診をするときにゴロゴロ音が邪魔のようなら、猫を水道の近くに連れていってみるとよいでしょう。

診察現場から

海を渡る猫

　飼い主さんが海外へ移住するときに猫も一緒に海を渡ることがあります。しかし猫が渡航するには、各々の国ごとのルールをクリアしなくてはいけません。そのルールは国によって様々ですが、多くの国で狂犬病ワクチンの接種と個体識別のためのマイクロチップの装着を義務づけています。日本では狂犬病ワクチンの接種義務は犬だけですが、大半の国では猫にも求められます。

　ある中国人の飼い主さんから中国に猫のリンリンも連れて帰りたいと言われ、一緒に準備をしていました。しかし出発当日、リンリンの出国書類に不備が見つかったと、空港から電話がかかってきました。出発の時間は差し迫っており、新しい書類をバイク便で空港まで送っても間に合いません。

　出国を遅らせるしかないと思っていましたが、飼い主さんが再度空港職員に確認したところ、空港の係員が勘違いしていたことがわかりました。そしてリンリンは無事に中国へ出発。猫と一緒に海外へ移住する予定がある方は、国ごとに準備する書類が異なるので早めに準備を始めましょう。

第3章　雑学
～意外と知らない豆知識～

1. うちの猫はどこから来たの？
―イエネコとヤマネコ―

　私たちが普段接している猫は、正確に言うとネコ目ネコ科ネコ亜科ネコ属に分類されるイエネコ（人間の生活圏で暮らしている猫）です。その学名は「*Felis silvestris catus*」。これらラテン語を分解すると、「felis=猫」「silvestris=野生の」「catus=猫」という意味の言葉でつくられており、イエネコなのに野生？と不思議に思われるかもしれません（一部では「*Felis catus*」と表記）。

　実は、イエネコは「ネコ目ネコ科ネコ亜科ネコ属ヤマネコ種イエネコ亜種」であるため、こういった学名がつけられています。つまり種としてはヤマネコに含まれますが、ヤマネコとは別物である、というわかりづらい分類になってしまっています（3－1）。

3－1
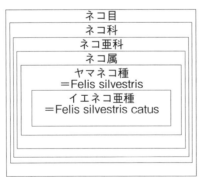

ヤマネコの中のイエネコ

そして「domestic cat= ドメスティックキャット」はイエネコを英語にしたものです。短毛のイエネコを「DSH ドメスティックショートヘア」、長毛のイエネコを「DLH ドメスティックロングヘア」などと呼ぶこともあります。

※ヤマネコ：ネコ目ネコ科ネコ亜科ネコ属ヤマネコ種に分類されるグループ。左記のように分類学的にはイエネコもヤマネコに入りますが、通常イエネコとは区別されています。完全に人間の生活圏外（森や島）に住んでいる小型ネコ科動物です。例として、イリオモテヤマネコやツシマヤマネコなど。英語では「wild cat= ワイルドキャット」。

※野良猫：日本語で言う野良猫は人間の生活圏内で生活しているので、ヤマネコではなく外に暮らすイエネコということになります（ここもまぎらわしい）。英語では「stray cat = ストレイキャット」と呼ばれます。

そしてこのイエネコの祖先はその人懐っこい性格、体格などからリビアヤマネコ（*Felis silvestris lybica*）であると推測されていました。他のヤマネコは、たとえ０歳児から人間が育てても懐くことはありません。しかし、リビアヤマネコだけは生後まもなくから人間が育てると恐怖心を持つことな

く共生することができます。この点がリビアヤマネコがイエネコの祖先と言われてきた理由の1つです。

　そしてこれは2004年にミトコンドリアDNAの解析で、リビアヤマネコがイエネコの祖先である裏づけがとれました。

※ミトコンドリアDNA：母親から子に受け継がれるという特性があります。父親の遺伝子は影響しないため、これを調べることで母方の祖先がわかります。人類の祖先は、17万年前のアフリカの1人の女性であるとされています（ミトコンドリアイブ説）。

〈リビアヤマネコ〉
イエネコよりも手足と尾が長く耳が大きいのが特徴。毛色は様々ですが砂漠や砂地に馴染む色が多く、デザートキャットあるいはアフリカンキャットとも呼ばれます

　猫が人間と共生し始めたのは紀元前4000年のエジプトだと言われています。農業が発達したことにより、穀物の畑や倉にいるげっ歯類を捕まえに猫が集まってきました。そのうち警戒心の低い穏やかな猫が可愛がられ、人間の生活に入り込んだのでしょう。

エジプトのモスタゲッタという地域の墓には人間と一緒に猫が埋葬されており、この時代から猫が人間と親密な関係にあったことを示しています。その後、商人や船乗りの手によって猫は全世界に広がっていきました。ところが2004年に、地中海のキプロス島で9500年前の人のお墓から猫の骨が発見されました。これにより、エジプトよりも前に人間と猫は共生していた可能性が浮上しました。

《日本に来たのはいつ？》
　記録の上では、紀元999年平安時代に中国から運ばれてきたとされています。しかし弥生時代のカラカミ遺跡から猫の遺骨の発見例があり、紀元前から密かに日本に渡っていた可能性が高いようです。999年から日本では宮内でのみ繁殖しており、これは世界で初めてのブリーディング（限られた範囲での計画的交配繁殖）として記録が残っています。

　あなたの隣で寝ている猫も、駐車場で寝ている野良猫も、実はエジプトから世界に広がったリビアヤマネコの子孫であり、*Felis silvestris catus* という学名があります。そしてイエネコは雑種やミックスではなく「イエネコ」という猫種なのです。アメリカン・ショートヘアやペルシャもイエネコであり、*Felis silvestris catus* です。

2. 珍しいのはオスの三毛猫だけじゃない？
―確率の低い猫の毛色―

 オスの三毛猫がとても珍しいのは有名な話です。そのため縁起が良いとされ、航海のお供になった三毛猫タケシの話もあります（P.153）。今回はなぜ三毛猫にメスが多いのか、また三毛猫以外でも性別によって生まれてくる確率が違う猫の毛色について紹介します。

《オスの三毛猫が珍しい理由》
①人間と同様、猫の性別は性染色体の組み合わせによって決まります。性染色体にはX染色体とY染色体があり、それぞれ父猫、母猫から1つずつもらいます。その組み合わせで「XX」だとメス、「XY」だとオスになります。

3-2

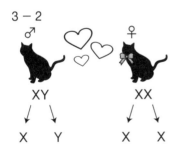

	X	X
X	XX→♀	XX→♀
Y	XY→♂	XY→♂

②そのときに父猫、母猫からそれぞれのカラー遺伝子も1つずつもらっています。その組み合わせによって毛色が決定す

るのです。カラー遺伝子は9種類あります。

3-3　　　　　　カラー遺伝子

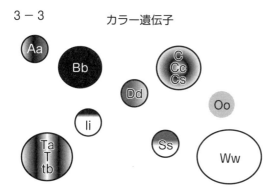

③三毛猫が必要な色は3色、「黒」「白」「茶」です。その中の茶色の発現に関わるO遺伝子（オレンジ＝orangeのO）はX染色体にしかありません。今回の話はO遺伝子が主役になります。

④O遺伝子にも種類があります。O（ラージオー）、o（スモールオー）の二種類です。O遺伝子は黒い毛を茶色の毛に変えるよう命令し、反対にo遺伝子は黒いままにするよう命令します。

　メス猫はX染色体を2つ持っているので、O遺伝子の組み合わせは「OO」「Oo」「oo」の3種類。しかし、オス猫はX染色体が1つしかないので「O」か「o」のどちらか。この組み合わせで黒と茶色のバランスが決まります。

「OO」と「O」の場合は茶色、「oo」「o」の場合は黒色、そしてO遺伝子が「Oo」の組み合わせのときだけ、黒と茶色両方の色を持つ猫が誕生します。

例えば茶トラのオスと、三毛猫のメスで子猫を産むと、次のようになります。

3－4

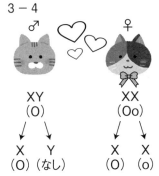

♂＼♀	X (O)	X (o)
X (O)	XX (OO) →茶	XX (Oo) →黒茶
Y (なし)	XY (O) →茶	XY (o) →黒

O：ラージオー遺伝子
o：スモールオー遺伝子
Y染色体はO遺伝子を持っていません

※注意：この表はわかりやすくするため、O遺伝子に限定しています。実際には9種類のカラー遺伝子が組み合わさって色を決定しています。例えばW（ホワイト）遺伝子は最も優先される遺伝子で、W遺伝子を持っていると、「OO」や「Oo」でも他のカラー遺伝子に関係なくすべて全身白猫になります。

この中で三毛猫になる可能性があるのは表の右上の「XX(Oo)」だけです。オスの三毛猫が珍しいのはO遺伝子があ

るX染色体が1個しかなく、「Oo」をつくれないからです。

《オスの三毛猫はどうやって「Oo」に？》
　左記の説明だとオス猫はX染色体が1つしかないので「Oo」は絶対つくれないことになります。しかし、正常のオスは「XY」ですが、X染色体が1つ増えて「XXY」になっていることがあります。このように「X」の数が多いオスをクラインフェルター症候群と言います。こういった染色体異常によりオスでも「Oo」の組み合わせになる可能性があるので、オスの三毛猫が実在しています。他にも性染色体を2つ持つ「XX／XY」という染色体異常もあり、それでもオスの三毛猫が生まれる可能性があります。

　しかし、実際に動物の染色体を研究している機関に問い合わせたところ、日本のオスの三毛猫の染色体はほとんど「XX」でした。これは、Y染色体の性決定因子がどこかに「転座」しているのではないかと推測されます。

※転座：染色体の一部が切断され、他に付着するなどして位置を変えたもの。突然変異の1つ。

《三毛猫以外の毛色で性差があるものは？》
　オスの三毛猫が珍しいのは「黒」と「茶」の両方の色を持

つことができないことが理由でした。他に「黒」と「茶」が同時に出ている毛色は何でしょう？？？

　答えはトーティです。トーティ（あるいはサビ柄、べっこう柄）も三毛猫と同じ理由で圧倒的にメスが多いです。

　つまり「黒」「白」「茶」を併せ持つオスの三毛猫が珍しいのではなく「黒」「茶」の2色を持つオス猫が珍しいのです。オスの三毛猫だけでなく、オスのトーティも同じぐらい稀なのです。

《メスのほうが珍しい猫の柄は？》

　反対にメスが珍しい柄は茶トラ、茶シロです。これらは約8割がオスです。オスの三毛猫やトーティに比べるとそれほど珍しくはありません。オスの茶トラ、茶シロが多いのはやはりO遺伝子が関係しています。

この子は♂の茶トラ

珍しい♀の茶シロ

《オスの三毛猫の確率は？》

オスの三毛猫である確率について、1/1000、1/30000、1/100000など色々な数字が出回っています。ネット上では1/30000が多く見られます。これはクラインフェルター症候群のオスの発生率をそのままオスの三毛猫の確率としているのではないでしょうか。クラインフェルター症候群のオスがすべて三毛猫ではないですし、同症候群ではないオスの三毛猫もいます。アメリカの質問サイトでは、「ミズーリ大学のデータでは1/3000」と獣医師が答えています。

今回はできるだけわかりやすく、簡潔に説明するために、遺伝学の初歩をかなり省いています。また、用語も正確なものより理解しやすいものを選んでいます。三毛猫の遺伝の話はそれだけで1冊の本ができるほど奥が深いのです。

3. 血液型はA？B？O？AB？

　血液型占いが大好きな日本人。私はAB型ということもあり、あまり血液型占いが好きではありませんでした。さて、猫の世界ではどうなのでしょうか。

　猫の血液型は人間同様、地域によって変わってきます。日本にいるイエネコは日本人同様A型が多く、実に80〜90％以上はA型です。他にはB型とAB型もありますが、B型は稀、AB型は非常に稀です。AB型はAB型の親同士の間にしか生まれてこないからです。猫にO型はなく、B型の割合が高い猫種もいます。

３－５

15〜30％がB型	アビシニアン、ソマリ、ペルシャ、ヒマラヤン、スコティッシュフォールド、バーマン、スフィンクス
30％以上がB型	ブリティッシュショートヘア、デボンレックス、コーニッシュレックス

※資料によって数字は多少異なります。

　猫の血液型は動物病院で調べられます。検査機関に依頼するので、結果が出るまでは数日かかります。すぐに診断できる簡易血液検査キットもありますが、緊急で調べる需要がそれほどないので常備している病院は少ないようです。

昔飼っていた猫は貧血でした。輸血を試みましたが、どうしても交差適合試験が合わなかったので調べたところＢ型でした

《血液型は調べておくべき？》
［緊急時に備えて］

　緊急時に備えて、調べておいたほうが輸血はスムーズです。しかし仮に血液型がわかっていても、輸血を受ける前には交差適合試験が必要です。１時間ほどで結果が出る検査です。血液型がわからなくても交差適合試験で問題がなければ輸血は可能です。

※交差適合試験（クロスマッチ試験）：輸血を受ける猫（受血猫）と血液を提供する猫（供血猫）の間の相性を調べる検査です。同じ血液型同士でも交差適合試験が合わなければ輸血は行いません。また、交差適合試験で問題がなくても輸血反応（輸血による副作用）が出る可能性はあります。

［子どもを産む場合］

　Ｂ型が多い猫種の繁殖を考えている方は、血液型を調べてからの出産をお勧めします。Ｂ型の母猫の初乳をＡ型の子猫が飲むと赤血球が壊れてしまうことがあるからです（新生仔同種溶血現象）。

　多くの飼い主さんは、血液型を調べるのにわざわざ病院で採血させるのも……と感じるでしょう。血液型を調べておくメリットとしては無駄な交差適合試験を避けたり、交差適合試験の結果が待てないほどの緊急時に役に立つことなどがあります。現状としては、緊急時に備えて血液型を調べてほしいと依頼されることはあまりありません。

　出産のための血液型検査は、ブリティッシュショートヘアなどの人気猫種もＢ型が多いのでお勧めします。

4. 猫と犬の違い

　先日、来院した少年に「猫と犬は何が違うの？」と聞かれ、うまく答えられず悔しい思いをしました。歴史、社会構造、臓器、目や鼻などの感覚器をはじめ色々な相違点がありますが、今回は動物が生きていくうえで最も重要な「脚と歯」、そして興味深い性格の違いで比較してみましょう。

脚と歯
《生活環境の違い　ネコ科は森、イヌ科は平原》

　最も簡単にネコ科とイヌ科の違いを説明すると、生活環境の違いを挙げることができます。ミアキス（約6500〜4800万年前に生息した小型捕食者。猫と犬の共通の祖先と考えられている）のような動物が森に残り、樹上で生活したのがネコ科、平原に出て地上で暮らしたのがイヌ科に進化したという話は、聞いたことがある方もいるかもしれません。

　しかし少年は「ネコ科でもライオンやチーターは平原にいるよ」と反論するでしょう。その通りです。イヌ科でも森の中に入ったタヌキもいます。

　けれども、平原に出たネコ科の動物も根本的なネコ科の特徴は失いませんでした。では、どのようなものが根本的なネコ科、そしてイヌ科の特徴なのでしょうか。哺乳類が生き残

るうえで最も重要なパーツである脚と歯の特徴について注目してみましょう。

●脚

　草食動物は逃げるために、肉食動物は追いつき、捕らえるために脚をひたすら進化させました。奇蹄目などは脚の形が目（モク）という生物分類上の一階級になっていることから、脚の形が生物分類で非常に大きな影響を与えていることがわかります。

　猫犬の脚の話の前に、少し他の動物にも触れておきます。馬や牛のように走ることに特化し、蹄のみが地面につくことを「蹄行」、猿や熊のように歩くときに踵がつくことを「蹠行」と呼びます。

　蹄行はまさに走るだけですので、非常に単純な構造ですがその分走るのが速くなります。蹠行動物は走るよりも、物を摑むなど手先の器用さを優先させた結果、複雑な構造になりました。蹠行だと接地面積が広いので二足でも安定して行動することができ、私たち人間が二足歩行を可能にするきっかけになりました。

《ネコ科とイヌ科の脚》

　逃げる側の草食動物は逃げるだけでよいですが、追う肉食

動物は捕まえて殺す武器が必要です。もちろん、鋭い犬歯と強力な顎は有効な武器で、さらに多くの肉食動物は鋭い爪を持っています。ネコ科とイヌ科は踵を浮かせた状態で歩く「趾行(しこう)」を選びました。趾行は蹄行と蹠行の中間といったところでしょうか。走る速さと、手先の器用さを兼ね備えた形です。

[違いその1　爪]
　イヌ科は爪の出し入れができません。爪を動かす筋肉や骨を残したネコ科は、同じ趾行でもイヌ科より複雑な構造をしています。爪の出し入れは木登りにも役立ちますし、爪をしまえば静かに獲物に忍び寄ることができます。草原に出たイヌ科は木登りをしなくてよいので、爪は単純なスパイクとしての役割で十分だったのでしょう。その証拠に、その後誕生したチーターはネコ科で唯一、爪をしまうことができません。地上最速をめざした結果、チーターは爪をしまうことをやめました。

[違いその2　鎖骨]
　鎖骨は脚ではありませんが、前肢を動かす重要な構造です。ネコ科には鎖骨がありますが、イヌ科にはありません。鎖骨がないと主に抱きつく動き（腕の内転）が困難になります。

内転ができないと木登りは不可能です。犬などの草原に出た動物はみな鎖骨が退化してなくなっています。やはりチーターは鎖骨がありません。地上最速の陰には色々なものを犠牲にしているわけです。

　蹄行性の草食動物や、イヌ科よりも複雑な構造の四肢を持つネコ科ですが、走るスピードも速いです。ネコ科は獲物を捕らえる爪を持ったまま、蹄行動物にも負けないスピードを出すために体幹の筋肉（脊柱起立筋）を使って補いました。背骨を曲げて反動をつけることで一歩のストライドを伸ばします。しかしこの体幹の筋肉は持久力がありません。ネコ科はスピードと器用さのいいとこ取りですが、その代わりに持久力が犠牲になったのです。

●歯
　それぞれの食事に合わせて、歯の形は多様に進化しました。草食動物は植物をすり潰すために臼のように平らな歯をもっています。肉食動物は確実に獲物を絶命させるために犬歯が発達しました。犬歯を首に打ち込むことで脊髄の破壊、頸動脈の切断、気管の圧迫など致命的なダメージを与えることができます。そして、奥歯は肉を噛み切るためにハサミのような構造をしており「裂肉歯」と呼ばれます。

[違いその1　犬歯]

　犬歯の大きさは獲物のサイズに比例します。犬歯が最も発達したサーベルタイガー（マカイロドゥス、8000年くらい前に絶滅したと言われる）は、ゾウやサイのような大型草食獣を捕食していました。単独で狩りをするネコ科は短時間で獲物を殺したいので首を真っ先に狙います。そのためより犬歯が発達しました。

　イヌ科も犬歯は発達していますが、ネコ科ほどではありません。集団で長時間狩りをするイヌ科は、腹や脚を攻撃して動きを鈍らせていきます。必ずしも首を狙うわけではないため、ネコ科ほど犬歯は発達しなかったのでしょう。

[違いその2　奥歯（臼歯）の数]

　奥歯の役割は食べ物を噛み砕くことです。ネコ科の食べ物は肉です。そのため肉を切る歯（裂肉歯）以外必要なく、奥歯の数は最小限になりました。ネコ科の歯は（I3/3 C1/1 P4/3 M1/1）の計30本しかありません。しかも上顎の後臼歯（M）は退化しほとんど機能していません。

　それに比べイヌ科の歯は（I3/3 C1/1 P4/4 M2/3）の計42本もあり、その差12本。イヌ科は肉以外も食べられるよう、裂肉歯の後ろに噛み砕くときに使う後臼歯が残っています。
〈I：切歯、C：犬歯、P：前臼歯、M：後臼歯〉

3-6

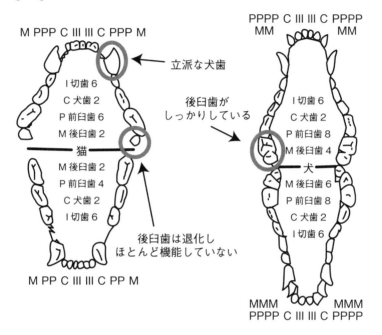

今回は脚と歯に絞って比較しましたが、猫と犬の違いは挙げればキリがありません。今後も調べていこうと思います。

第3章　雑学〜意外と知らない豆知識〜

|性格|—人間に対する考え方の違い—

　写真は旅行の支度をしようとしたらキャリーケースに入って邪魔をする、実家の猫です。二大人気ペットである猫と犬はしばしば性格について比較されることがあります。猫のマイペースで自由な性格に対して犬は忠実、真面目な性格と評されています。とりわけ人間に対する態度は正反対で、「猫は人間を家来か手下だと思っているのでは？」と感じることすらあります。

　イギリスの動物行動学の専門家、ジョン・ブラッドショー先生は、猫と犬の人間に対するある行動の違いに気づきました。それは「猫は犬とは違い、人間を人間として捉えていない」ということです。

　犬は人間を異なる存在として認識していることがわかりました。例えば人間と遊ぶときと、犬同士で遊ぶときはその様子が全く違います。飼い主がリーダーであることを理解し、その指示を守るために努力します。

一方、猫は人間を異なる種だと認識していることを示唆する行動がありません。猫同士でも人間とでも同じ遊びを好み、部屋に人間がいようがいまいが同じ振る舞いをします。シッポを立てて怒る、脚にまとわりつく、隣に座る、体を舐めてあげるなど、猫同士で行っていることと全く同じです。つまり、猫は人間のことを特別視せず、対等な立場でコミュニケーションをしているということです。汚れがついていれば舐めてあげるし、好きなら近くに座るというように。

《猫は人間を馬鹿にしている？》
　猫が呼んでも来なかったり、読んでいる新聞の上に乗ってきたりすると、一部の飼い主さんは猫に馬鹿にされていると感じるようです。しかしブラッドショー先生の考えは違います。猫は自分より劣った猫にすり寄りません。もし私たちのことを馬鹿にしていたら、近くに寄ってもこないでしょう。ただ、運動神経が良い猫にとって、人間はどんくさく映るようです。そのため狩りのお手本を見せたり、実際にハントした小鳥や虫の死骸を飼い主の前に持って来たりすることもあります。
　私はブラッドショー先生の考えを初めて知ったとき、とても納得しました。私が猫の性格を好きな理由も、対等な関係が築けるからだと思います。人は社会に出ると、常に上下関

係が求められます。2人以上で話していてもどちらかが敬語を使うことが非常に多いのです。対等な関係で接することができるのは気心の知れた恋人か、学生時代からの友人ぐらいではないでしょうか。

　そんな中、敬語を使わず話せる猫の存在が人間にとって何よりのリラックスになっている気がします。どちらが上ということもなく、猫は対等な関係を望んでいるのでしょう。

5. 猫の利き手
―pawedness―

　人間は9割が右利きと言われています。これは文化的な影響により、本来左利きの人も右利きに矯正されているためだそうです。左利きはスポーツ選手または学者として活躍する人が多く、「左利きに天才が多い」という説を聞いたことがある人は多いでしょう。アルベルト・アインシュタイン、アイザック・ニュートン、最近ではビル・ゲイツ、バラク・オバマなどが左利きとして有名です。利き足になると、サッカー界ではディエゴ・マラドーナ、リオネル・メッシ、中村俊輔、本田圭佑などが左利きです。さて、猫の世界にも天才レフティはいるのでしょうか。

　猫の利き手の研究は昔からあり、古いものは1955年に行われています。しかし、今までは実験の仕方により結果がバラバラでした。ある研究では「左利きが多い」と出たり、ある研究では「猫に利き手はない」など様々な意見がありました。しかし、2009年にイギリス人の研究家、D.L. ウェルズ

さんが行った実験では驚くべき結果が報告されているのでご紹介します。

[実験方法]
　この実験では42匹（オス21匹、メス21匹）の猫に3つのテストをしてもらいました。

①ネズミのおもちゃを猫の頭上10cmに垂らし、どちらの手でパンチするか。〈縦の動き〉

②ネズミのおもちゃを猫の目の前に置き、ゆっくりと糸で引き猫から遠ざけたとき、どちらの手を使って最初にパンチするか。〈横の動き〉

③5gのマグロを目の前で小さな透明なビンの中に入れ、最初にどちらの手を使ってマグロを出そうとするか。〈最終的にマグロに届いた手ではなく、最初に使った手を記録〉

　そしてこれらのテストは1日10回までとして、日にちを変えて猫1匹あたりトータル100回繰り返しました。

[結果]

①と②の実験では利き手はありませんでした。つまり、左右両方の手で均等にパンチを出しました。しかし、③の実験ではオスは21匹中、20匹は左手を、メスは21匹中、20匹は右手を使ってマグロを取り出そうとしました。③の実験では猫には確かに利き手があり、さらにその利き手は性別によって反対になるという結果が出たのです。

《③のテストだけ差が出た理由》

「①と②のテストは猫にとって簡単すぎた」とウェルズさんは考察しています。人間も文字を書いたりボールを投げる複雑な動作は利き手を使いますが、ドアを開けたり電気のスイッチを押す等の容易い動作はどちらの手でもできます。猫にとってネズミのおもちゃにパンチすることはそのぐらい簡単なことなのでしょう。しかし、小さなビンからマグロを出すテストはより複雑な動きが求められるので、利き手を使ったというわけです。

《利き手に影響する性ホルモン》

もともと犬や馬そして人間でも、左利きはオスに多いというデータがあります。これは一説には男性ホルモンであるテストステロンが左利きと関係していると言われています。そ

れにしても、ここまで極端に性別によって左利きと右利きに分かれたのはこの猫の研究が初めてです。

その後、ウェルズさんは2012年にも猫の利き手についての論文を発表しました。その中では12匹の同じ猫で生後3カ月、6カ月、12カ月のときにそれぞれ③のテストを行いました。その結果、3カ月齢と6カ月齢のときには特に利き手が決まっていなかった猫も、12カ月齢のテストのときにはやはりオスは左手、メスは右手を使うようになりました。

これは幼猫の段階では利き手は決まっておらず、成長するにつれて利き手が決まることを示しています。この結果を見ると、やはり性ホルモンが強く利き手に影響しているのではと考えることができます。

ウェルズさんの実験ではオスが左利き、メスが右利きという結果が出ました。今後さらに猫の利き手の研究が進められると、なぜ性別によって利き手が違うのか具体的にわかるかもしれませんし、この実験結果を覆すような論文が出るかもしれません。

100回繰り返すのは大変ですが、③のテストを自宅の猫で試してみても面白いですね。

[詳しい実験方法〜③の実験に挑戦〜]

用意するもの：マグロ5g、長方形の透明のビン 7.62cm × 7.62cm × 11.43cm

①猫にマグロを見せます。このとき臭いを嗅がせて注意を引いてもよいでしょう。

②マグロを猫が見ている前で、ビンの中に入れます。

③マグロを取り出そうと最初に使った手を記録します（※最終的にマグロに届いた手ではなく、最初に使った手を見ましょう）。

　これを1日10回、1日おきに100回行います。各実験の間には2分以上のインターバルを空けましょう。

6. お風呂は必要？

猫にお風呂は必要ですか？　答えはノーです。

多くの猫は水に濡れることを嫌います。ただ稀に湯船につかってくつろいでいるような表情を見せる子もいます。また飼い主がお風呂に入るとついてくるけれども、水に濡れるのは嫌がる場合もあります。このような感覚は個々の性格によるようです。嫌がっている猫を無理にお風呂に入れる必要はありません。

猫は綺麗好きな動物なので、自分の毛は自分でお手入れします。生涯1度もお風呂に入らなくても猫は綺麗です。

《なぜ水に濡れるのを嫌うの？》

猫はリビアの砂漠から来たので（猫の起源についてはP.110「1.うちの猫はどこから来たの？」）水が嫌いという説が

あります。鳥でも乾燥地帯出身のセキセイインコは水浴びを好まないことが多いそうです。

また猫の毛は密度が高くふかふかしています。油分も少ないため、水にべったり濡れると乾くのに時間がかかるのも嫌がる原因なのではないでしょうか。

トルコのターキッシュバンという猫種は世界的に珍しく水泳可能な猫として知られています。ターキッシュバンはトルコのワン湖でまさに泳いでいるところを発見されたため、泳げる猫としてイメージが定着しました。ターキッシュバンの毛は油分が多く、濡れても水を弾きやすくなっています。しかし、すべてのターキッシュバンが泳げるというわけではありません。動物写真家の岩合光昭さんの猫写真展でも、泳いでいるターキッシュバンの写真が展示されていました。

ターキッシュバン

《小さい頃からお風呂に入れれば慣れる？》

小学生の頃の友人が猫を水に慣れさせるため、子猫を毎週シャンプーしていましたが結局慣れませんでした。過剰なシ

ャンプーは皮膚の油を落としてしまい、皮膚のバリアー機能が弱まります。また、お風呂自体が猫にとってはかなりの恐怖でありストレス要因です。幼猫時に嫌がることをすると人間に対して恐怖を感じたり、怒りやすい性格になってしまう可能性もあるのでお勧めしません。

《それでもお風呂に入れたい場合》
　頻度は年に1〜2回で大丈夫です。人肌程度の温度のお湯で、猫用シャンプー（人間用シャンプーは成分が強いので毛がゴワゴワになります）を使用して洗ってください。耳に水が入るのを嫌うので顔は最後にしましょう。乾かすときはドライヤー（風や音を嫌う猫もいます）かタオルでできる限り拭き取って、暖かい部屋で自然乾燥させてあげます。

《長毛種への対応》
　長毛種は抜け毛が目立ちますし、放っておくと毛玉が脇やお腹にゴロゴロできます。ブラッシングをしっかりすることで毛玉は予防できます。ブラッシングに使うスリッカーはゴムタイプや金属タイプがあるので、お気に入りのものを見つけてあげてください。毎日ブラッシングすることをお勧めします。

その他、たまに「タバコを吸う家では悪性リンパ腫になりやすいので、お風呂の回数を多くしたほうがよいですか？」と聞かれることがあります。「タバコを吸う家の猫はタバコを吸わない家の猫に比べて悪性リンパ腫の発生率が高い」とした論文が発表されています。猫は受動喫煙だけでなく、自分の毛についたタバコの煙も舐め取って体内に入れてしまいます（詳しくはP.59第1章「8. 猫とタバコとリンパ腫の関係」）。お風呂に入れることで毛についたタバコを取り除き、体内に入る有害物質を減らせないか、というわけです。ただし、受動喫煙と舐め取って口から入る有害物質、どちらの影響が強いのか、またお風呂に入ることでどれぐらいタバコの悪影響が減るのかは明らかになっていません。

　お風呂の頻度を増やすことによるストレスや皮膚への影響を考えると、猫がいる部屋で喫煙をしないことを心がけるほうがメリットは大きいと思います。

7. オッドアイの猫は耳が聞こえない？

　左右の眼の色が異なることをオッドアイ、医学的には虹彩異色症と呼びます。オッドアイの猫は青い眼の側の聴覚に障害が出やすいことがわかっています。オッドアイだけでなく白い毛に青い眼の猫は、耳が聞こえない場合が多いと言われています。私も小学生の頃に白毛青眼のチロという猫を飼っていましたが、「チロ、元気か」と聞くと「エッエィー♪」と返事をしてくれるので、白毛青眼の猫に耳が聞こえないことがあるとは思ってもいませんでした。

《なぜ聴覚障害が多いの？》
　まず、白毛の遺伝子は毛の色素の細胞（メラノサイト）を欠乏させることで毛の色を白くしています。そして青い眼は青い色素があるのではなく、眼の色素が欠乏することで青く見えています。色素を欠乏させる白毛の遺伝子が眼の色素ま

で影響を及ぼすと眼が青くなります。このときに片方の眼だけの色素を脱落させるとオッドアイになります。

さらに、この白毛遺伝子が耳の中にまで作用するとコルチ器官という音の感覚器官に影響を及ぼし、生後コルチ器官がうまく形成されなくなります。実はコルチ器官も色素の細胞と同じ細胞から分化するからです。これはオッドアイだけでなく両眼が青い猫でも同じです。ただ実際はこの仮定では説明がつかないことも多く、様々な遺伝子が絡み合って聴覚障害を起こしています。

《白毛で青眼の猫はみんな聴覚障害がある？》

しかし、先ほどのチロのように明らかに音に反応する白毛青眼の猫もいます。白毛青眼のうち、聴覚障害の猫は60〜80％というデータがあります。したがって、20〜40％は全く問題ないのです。白毛遺伝子が毛と眼に影響を及ぼしても耳まで影響がなければ障害は出ないのですね。

オッドアイで白毛の猫に関しては、30〜40％で聴覚障害があるようです。青眼の側の耳だけに聴覚障害が出ることが圧倒的に多いので、青くない眼の側の聴覚は正常です。また白毛で青眼以外の色の眼の猫の聴覚は正常だと考えられていましたが、調べたところ10〜20％は聴覚に障害が見られるようです。

《青眼白猫でも耳が聞こえる理由》
　白い毛の遺伝子が悪いなら、どうして聞こえる猫がいるのでしょう。いくつかのパターンがあります。

①後天的に眼の色が変わった
　非常に稀なケースですが、病気や怪我などで虹彩の色が変わることがあるようです。人間ではデヴィッド・ボウイというロックミュージシャンが外傷により後天的オッドアイになりました。

②シャム猫由来の青眼
　青眼の遺伝子がシャム猫から来ているパターンです。シャム猫は眼が青いですが、遺伝的な聴覚障害を起こしません。シャム猫の体型はスレンダーな oriental タイプと言われていますが、そうではなくてもシャム猫由来の青眼を持つ猫もいます。
　ちなみにシャム猫の青眼はサファイアブルーと呼ばれ、一般的な青眼とは区別されます。サファイアブルーのほうがより青みが深いので、注意して見れば違いがわかるはずです。

③オホサスレス（ojos Azules）由来の青眼
　オホサスレスとは、スペイン語で「青い眼」。有色の毛皮

を纏いながら青い眼を持つことを特徴とした猫の品種です。日本ではマイナーですがTICA（The International Cat Association　世界最大の猫の血統登録機関）で認定されている猫種です。白いオホサスレスはミックスの白猫と区別が難しいと言われています。オホサスレスの青い眼もやはり聴覚障害とは関連性がありません。

④S遺伝子
　S遺伝子のSはSpotの略で、白いスポットを形成する遺伝子です。日本では白黒ブチなどと呼ばれる柄です。S遺伝子を持っていると、一見真っ白な猫が生まれることがあります。白黒ブチの遺伝子を持っていてもほとんど黒い部分がないか、目立たない所が黒いだけで、白猫のように見えるパターンです。このS遺伝子も聴覚障害と関連性はありません。

　ちなみに全体を白くする遺伝子はWhiteから取ってW遺伝子と言います。この遺伝子が聴覚と関連していると考えられています。しかし、W遺伝子の猫の中でも聴覚障害を起こさない猫だけでブリードを繰り返すことで、白毛青眼でも聴覚障害をかなり減らすことができるので、単純にW遺伝子だから聴覚が悪いというわけでもないのです。

《おまけ：白猫でオッドアイの発生率は？》

すべての猫の中で真っ白な猫の比率は5％。そのうち15〜40％は両方、あるいはどちらかの眼が青、つまり白毛青眼の猫は全体の0.75〜2％と報告されています（数字に幅があるのは観測した地域によって差があるため）。

そしてオッドアイの発生率に関するデータは見つけられなかったので、当医院の待合室に貼ってある写真の猫たちをカウントしました。

診察に訪れた猫の写真シールが待合室に貼ってあります

その結果、全1940匹中、白猫が65匹、オッドアイが6匹。当院のデータでは、白猫の比率が3.3％、オッドアイの比率は0.3％でした。すべてのオッドアイ猫が白猫だったので、白猫の中でオッドアイの猫は6／65≒9.2％でした。

8. 世界の猫たち

《世界初のクローン猫のCC―エピジェネティクス―》
　今から10年以上前の2001年12月22日、世界で初めてのクローン猫「CC」が生まれました。CCという名はCopy Cat、またはCarbon Catの頭文字を取ってつけられました。CCは初めてクローン技術から生まれたペットとして、ペット業界に大きなインパクトを与えました。

幼いころのCC

　当時の人たちはクローン技術で、亡くなったペットにまた会えるかもしれないという夢を持っていました。もちろんクローンはオリジナルのペットと同じ遺伝子を持っていますが、違う個体です。しかし、最愛のペットを亡くしたことがある方なら「もう一度会えたら」と思う気持ちは容易く理解できるでしょう。そんな希望の中でCCは誕生しました。
　CCは健康に成長しました。レインボーという名の三毛猫

のクローンでしたが、CCとレインボーは外見が全く似ていませんでした。CCはキジシロ、レインボーは三毛猫だったのです。

　その後CCは共同開発者のDr.クリーマーの家で、普通の猫と同じように可愛がられて暮らしています。2006年には出産を経験、2匹のオスと1匹のメスを育てました。これもクローンペットにとって初めての出産になります。多くのクローン動物は短命であったり繁殖能力がなかったりしますが、CCは完璧な健康体です。クリーマー夫妻はCCについて「CCがクローン技術で生まれたことに気づく人は誰もいません。いたって普通の可愛いらしい猫です」と話しています。

　CCは2011年に10歳になったとAFP通信から報告されています。その後の報道はありませんが、おそらく2014年現在も元気にしていると思われます。

[CCとレインボーの毛色が異なるわけ]
　CCとレインボーのすべての遺伝子は完全に一致しています。従来の遺伝学では、遺伝子が同じであれば同じ姿の生き物が生まれてくるはずでした。しかし現実にはそうではなかったのです。これは「エピジェネティクス（Epigenetics）」が関係していると考えられます。

　エピジェネティクスとは「エピ＝外側、以外」と「ジェネ

ティクス＝遺伝学、遺伝子」という意味の単語がくっついてできた言葉です。つまり、「遺伝子以外に遺伝に影響するもの」があることがわかり、それをエピジェネティクスと呼びます。簡単に説明すると動物の体を「家」としたら、遺伝子は「設計図」です。今までの遺伝学では、設計図が同じであれば同じ家ができると思われていました。しかし実際はそうはいきません。設計図には様々なアイデアが書いてあり、その中からどのアイデアを使うかは大工さんが決めます。大工さんのアドリブが入ったり、建築中に台風が来るかもしれないのです。そういった大工さんの選択や、環境の変化をエピジェネティクスと言います。

　三毛猫の設計図をキジシロにするなんてありえないと思われるかもしれませんが、猫の毛色遺伝子は非常に複雑で、少しの違いで大きく柄が変わってしまうのです。三毛猫でも全く同じ柄のものがいないのはエピジェネティクスの影響だと考えられています。

　CCの後に今度は飼い主さんの要望でニッキーという名のメインクーンのクローン、リトルニッキーが生まれました。飼い主さんはリトルニッキーのために5万ドルを支払いました。リトルニッキーは健康でしたが、長生きできませんでした。それ以降、クローン猫の作成依頼はなく、2006年にクローンビジネスを展開していた会社も倒産しました。

もし、今後より精度の高いクローンができるようになったとしても、それはやはりもとの猫のそっくりさんであって、別の生き物です。クローンと言えど、記憶は復元できません。多くの人が自分のペットが一番と思うのは唯一無二の存在であり、同じ時間を過ごしてきたからではないでしょうか。

《世界第2位の長寿猫—スフィンクスのグランパ—》
　今回はエジプトのスフィンクスではなく、猫のスフィンクスのお話です。この2つは英語だとスペルが異なります。猫のスフィンクスは sphynx、エジプトのスフィンクスは sphinx。
　ちなみに猫のスフィンクスの出身は意外にも寒いカナダです。スフィンクスの「グランパ」こと Grandpa Rex Allen はミックス猫の「クリームパフ（Creme Puff）」に追い越されるまで、34歳2カ月という長寿記録を持っていました。現在の猫の平均年齢が15歳ほどだと考えると、平均の倍以上も長生きしています。
　スフィンクスは被毛を持たない純血種の猫です。純血種は一般的に雑種より身体が弱いと信じられていますが、グランパの記録はそれを覆すものになりました。また、猫でもメスのほうが平均寿命が長いデータが多いですが、グランパはオスでした。1964年にパリで生まれ1998年まで生きました。その間にTICAのキャットショーでも数々の賞を受賞しています。

スフィンクスは突然変異で生まれた無毛の猫から誕生しました。実際には完全に無毛ではなく、産毛と呼ばれる細い毛に覆われています。被毛がないため暑さにも寒さにも弱く、ほかの猫より体温が高いのも特徴です。またスフィンクスは猫では珍しく、血液型のB型が多い猫種です。そのため、子供を産む前に両親の血液型を確認しておかないと、新生子猫がお母さんの初乳を飲んだときに赤血球が破壊されてしまうことがあります（新生仔同種溶血現象）。性格は社交的であり、スフィンクスの愛好家は無毛という目立った特徴と同じぐらいに、陽気な性格にも魅了されているようです。

成猫のスフィンクス

[グランパが長生きできた理由]
　実は、現在ギネス記録を保持しているクリームパフとグランパは同じ飼い主の猫です。世界1位と2位の猫の飼い主はテキサス州のJake Perryさん。ペリーさん曰く、グランパ

は活発で運動好きだったこと、アスパラガスやブロッコリーなどの野菜好きだったことが長生きに良かったのではと語っています。

※注意：アスパラガス属の観葉植物の中には猫が中毒を起こす植物もあることから、アスパラガスも猫に危険という考えがあります。実際には、少量のアスパラガスを食べても問題にならないことが多いようです。

　私が会ったスフィンクスは、やはりグランパのように陽気で社交的でした。スエードのようなモチモチした肌が印象に残っています。そして、毛が無いので超音波検査がやりやすかったことを憶えています。

《ロシアからの使者―サイベリアンのミール―》
「サイベリアン」。日本ではあまり有名ではない猫種ですが、ロシアのプーチン大統領からミールが贈られてきたことで日本でも注目を浴びました。一部でシベリア猫と呼ばれているとおり、ロシア北部にいた野生猫が起源になっています。ミールとはロシア語で平和を意味するそうです。
　海外から猫を入国させる際は国ごとに異なった手続きがあり、なかなか大変です。ミールも6カ月間成田の検疫所で拘

ミールと秋田県の佐竹敬久知事
さすがの大きさ!

留されていたそうです。

　サイベリアンは元々ロシア北部の未開地にいた長毛猫。厳しい寒さに耐えるため、大きな体、油を含んだ丈夫なトップコート、その下にはみっしりとついたアンダーコートが特徴です。特に首周りの毛並みが立派でゴージャスな印象を受けます。見た目は同じ北部出身のノルウェージャンフォレストキャットに似ていますが、顔つきはよりワイルドでがっちりした体格です。サイベリアンを認可している猫血統登録団体はFIFe (Fédération Internationale Féline) とTICAです。

　実はまだサイベリアンが当病院に来院したことはありません。ノルウェージャンフォレストキャットやメインクーンのように、サイベリアンもきっと人気になるはず。一度お目にかかってみたいものです。

第3章　雑学〜意外と知らない豆知識〜

《南極から帰ってきた猫—オスの三毛猫タケシ—》

　猫好きにとっては知名度の高い猫、タケシに関するお話です。南極物語と言えば、犬のタロジロがあまりに有名ですが、実は猫も乗船していました。

　それがタケシです。タケシはオスの三毛猫ということで、航海の縁起が良いとされ乗船を許可されたのです。もともとタケシは動物愛護団体に保護されていたらしいのですが、南極観測隊の出港を知った女性がタケシの乗船を推薦したところ快諾されたそうです（オスの三毛についてはP.114「2. 珍しいのはオスの三毛猫だけじゃない？」）。

　名前はついていませんでしたが、第一次南極観測隊隊長・永田武氏の名前からとったそうです。オスの三毛猫に生まれたばかりに南極に連れて行かれるとは、タケシにとってはアンラッキーだったかもしれません。そんなタケシは隊員に非常に可愛がられ、無事1年の南極観測を終えました。犬猫以外にも実はカナリアも南極に行っていました。犬はもちろん犬ゾリを引っぱり、カナリアは中毒ガスの検知（一酸化炭素やメタンをいち早く検出することができる）として働いていました。その間、タケシは昭和基地でひたすら隊員を癒していたそうです。

　第二次南極隊が交代のため南極にたどり着いたときには天候が悪く、昭和基地に近寄れませんでした。そこで第一次隊

は小型雪上船に乗り込み、なんとか第二次隊が待つ南極観測船「宗谷」に向かったのです。しかし、このときにタロとジロを含んだ犬15頭が小型雪上船に乗ることができず、昭和基地に残されてしまいました。タケシは小さかったため乗船できたそうです。天候回復を待ち第二次隊が昭和基地に向かう予定でしたが、なかなか回復せずついに南極に犬を残して帰国という決断が下されました。

南極観測隊に愛されたタケシ

　日本に帰ったタケシは、特に可愛がっていた隊員の作間さんとゆっくり暮らす予定でした。しかし日本に到着して一週間程で行方不明になってしまったそうです。タケシがその後どのような余生を送ったのかは誰にもわかりません。
　以下、作間さんの言葉です。
「タケシの魂は、昭和基地に行っているはずですから、ぼくも命が終えるときにはタケシに会えますよ。そうしたら、ず

っと探して待っていたんだよって言ってやりますよ」

タケシのストーリーは絵本になっています(『こねこのタケシ　南極大ぼうけん』阿見みどり著、銀の鈴社)。作間さんの言葉も巻末からの引用です。

現在は生態系への影響を避けるため、南極に動物を連れて行くことはできません。タロとジロが生き残ったのは、ペンギン等を捕食していたためと考えられています。例えばペンギンが激減してしまったら、南極の生態系が崩れてしまいます(タロジロたちはすべてオスのため、繁殖できないので大きな問題になりませんでした)。ですから、現在では動物だけでなく細菌やウィルスも持ち込まないよう厳重な注意を行って南極に入るそうです。タロジロそしてタケシは、この時代だからこそ生まれたエピソードと言えるでしょう。

《ショートヘアソマリ？　アビシニアン？》

左はアビシニアン、右はソマリです。ソマリは稀に生まれ

た長毛のアビシニアンの猫を計画的に交配して誕生した品種です。したがって、一般的に長毛のアビシニアンをソマリと呼びます。ソマリという名はアビシニアンの由来となったエチオピア（昔はアビシニアと呼ばれていた）の隣国ソマリアからとったそうです。

　ソマリはそのゴージャスな毛並みと長毛種の中では人懐っこい性格から、今では人気猫種の1つです。しかし、なかには長毛にならず、アビシニアンそっくりのソマリが生まれることもあります。毛の短いソマリはショートヘアソマリと呼ばれます。アビシニアンの長毛がソマリなのに、ソマリの短毛はショートヘアソマリ？なんとも不思議な話です。

　CFA（Cat Fanciers' Association）とTICAという猫の2大血統登録機関があります。CFAとTICAはこの質問に対して別々の答えを出しており、ソマリの短毛をCFAはショートヘアソマリ、TICAはアビシニアンとしています。TICAの考えはシンプルです。長毛ならソマリ、短毛ならアビシニアン。それは血統に関係なく毛の長さで決まります。

[CFAはどこで区別しているの？]
　ソマリの中にはソマリ×アビシニアンの交配で生まれてくることがあり、このパターンだと一定の確率で短毛の猫が生まれます。それがCFAの言うショートヘアソマリです。こ

れはソマリの歴史が浅く、ソマリだけで交配することが難しいため、健康面での問題が出ないようにアビシニアンの血を入れているからです。CFAは外見上は見分けがつかなくても、ソマリの遺伝子が入っていればショートヘアソマリ、アビシニアンのみの場合をアビシニアンと区別しています。

　CFAは血統を重視、TICAはその猫の姿を重視しているということですね。

　ソマリのコートは小さい頃は短いですが、成長するにつれボリュームがでてきます。ですから、子猫のソマリがショートヘアソマリか、長毛のソマリに育つかはブリーダーさんでも見極めが難しいそうです。誤解がないようにしっかりしたブリーダーさんの猫は両親がソマリ×ソマリなのか、ソマリ×アビシニアンなのかきちんと把握していますので、確認してみてください。

　ショートになろうがロングになろうがその猫の可愛さは変わりませんが、ソマリを飼うときは、こういうこともある、ということを覚えておくとよいかもしれませんね。

《ベンガル―ヒョウ柄の猫―》

　ここ数年、ベンガルの人気が急上昇中だそうです。ご覧のようにヒョウ柄のコートを纏った家庭で飼える猫、それがベンガルです。アジアンレオパード（ベンガル山猫）とイエネ

コ（一般的に人に飼われている猫全般。イエネコについてはP.110「1.うちの猫はどこから来たの？」）を交配して生まれました。

　しかし、アジアンレオパードとイエネコの間に生まれた子猫（遺伝学で最初の世代をF1と呼びます）は外見だけでなくアジアンレオパードの野生味が色濃く残っており、警戒心が強く一緒に暮らすのは困難でした。そこでもう少しイエネコの血の割合を増やすために交配を続けました。F1の子をF2（第二世代、孫）、さらにその子をF3（第三世代、ひ孫）、そして第四世代以降をSBTと呼びます。SBTまで継代して初めて純血のベンガルと呼ばれるのです。したがって、F1〜F3はベンガルでもアジアンレオパードでもなく定義としては雑種になってしまいます。ちなみにF3までのオスは生殖能力がないことが多いです。

こちらがベンガル

[SBTとは？]

SBTとはstud book traditionの頭文字。stud bookは血統台帳（血統が記されているもの。競馬界で使われる）、traditionは「伝統」とか「定例」などの意味ですが、うまく日本語にできないのでイメージが湧かないかもしれません。SBTは猫の血統登録機関であるTICAがつくった単語で、ベンガルの場合そのベンガルが純血で4世代以上アジアンレオパードと離れていることを意味します。SBTはサバンナキャット（サーバルキャット×イエネコ）など他の品種でも使われる言葉です。

[その他のワイルドキャットとの交配種]

縞模様ベンガル＝トイガー

ベンガル×オリエンタルショートヘア＝セレンゲティ

サーバルキャット×イエネコ＝サバンナ

ジョフロイキャット×イエネコ＝サファリ

フィッシングキャット×F1～F3ベンガル＝ビベラル

などのワイルドキャットが誕生しています。

TICAで公認しているのはベンガル、トイガー、セレンゲティ、サバンナですが、ベンガル以外は日本にブリーダーさんがほとんどおらず入手困難です。ぜひ一度お目にかかりたいのですが、病院でもベンガル以外は見たことはありません。

猫の血統登録機関はTICA以外にもたくさんあり、もう1つの大きい団体としてCFAがあります。実はCFAはベンガルを公認していません。1998年、ヒューストンでの会議にてイエネコとイエネコ以外との交配から生まれた猫を品種として公認しない、さらに今後このような交配によって生まれた猫の公認について議論しないと宣言しています。

　なぜならCFAのポリシーの1つにイエネコの種の保存があるからです。CFAにとってイエネコを他の種であるアジアンレオパードと交配することはポリシーに反します。よってベンガル以外にもトイガー、セレンゲティ、サバンナなども当然公認していません。

　品種としての公認や気性の問題で議論になることが多いベンガルですが、病院で診たベンガルたちは大柄でのんびりしている猫ちゃんがほとんどでした。

第3章 雑学〜意外と知らない豆知識〜

診察現場から

春の授乳パニック

　猫の発情期は春先から夏にかけてです。そして妊娠期間は2カ月ほど。つまり春から夏にかけてがベビーラッシュになるわけです。生後まもない子猫を育てるには2〜3時間おきにミルクを飲ませ、便や尿の排泄を助けなくてはいけません。

　この時期の猫の病院には、離乳前の子猫が集まります。子猫を保護したけれども仕事中はミルクをあげられない、という飼い主さんが多いからです。育てる大変さは人間の赤ちゃんと何ら変わりません。猫の託児所です。

　しかし、あまりたくさん病院に集まると、子猫の世話で通常の診察ができなくなります。2時間おきにミルクと排泄の手伝いをしていると、最後の子猫が終わるころには最初の子猫の授乳時間になってしまうので、病院の看護師1人を子猫専属にすることも。里親が見つかると一番世話を焼いていた看護師は少し寂しそうですが、病院スタッフ全員で子猫の門出を祝っています。普通の動物病院では、春先は犬の狂犬病ワクチンとフィラリア予防で忙しいですが、猫の病院は子猫の世話に追われているのです。

161

第4章　こんなときどうする？

1. 歯磨きをしよう！
―磨き方と代替法―

猫は虫歯（齲歯(うし)）にはなりませんが、歯周病はよく見られます。野生の猫は獲物の皮や、スジ肉を噛み切ることで歯が磨かれます。しかし、ペットとして飼われている場合、柔らかいウェットフードや、小さいサイズのドライフードしか食べないので、歯垢が溜まりやすくなります。歯周病は人間同様、食生活の変化によって増えてきた病気です。

その予防として最も効果的なのは歯磨きをすることです。しかし、猫に歯磨きを行うのは犬以上に難しく、性格によっては諦めざるを得ないケースもあります。

《歯磨きを成功させるコツ》

最初から歯ブラシを使って磨こうとすると嫌がります。永久歯が生え揃う時期（生後6カ月前後）までに慣れさせると成功しやすいでしょう。

①まずは、猫とのコミュニケーションの一環として、口にタッチすることから始めます。ブラッシングや頭を撫でるついでに口の周りを触るようにして、人間に触れられることに慣れてもらいましょう。

②それに慣れてきたら、口の中に指を入れて歯を触ってみます。まずは手前の歯（切歯）、慣れてきたら奥の歯（臼歯）にタッチしてみてください。

③ガーゼを使って歯の表面をそっと磨いてみます。このときガーゼに動物用の味付き歯磨きペーストや、ウェットフードの水分を含ませてもよいです。

ここまでできるようになって、初めて歯ブラシを使います。動物用、もしくは人間の小児用でも構いません。

《歯ブラシの仕方》
　歯に対して45度の角度をつけて小刻みに動かします。力はそれほどかける必要はありません。歯と歯茎の間（歯肉溝）に溜まった歯垢を掻き出すイメージで磨きましょう。猫の歯で最も歯石ができやすい場所は、上顎の奥歯（臼歯）です。

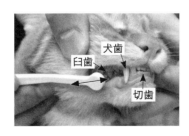
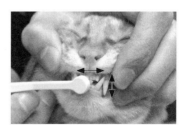

各部位を磨いて1周できたら終わりです。猫の永久歯は30本ありますが、奥歯（臼歯）、犬歯、前歯（切歯）の大きく3つに分けられます。これら3部位を順番に磨きます。人間の歯磨きと同じように量より質が大事です。
　頻度は1日1回できれば理想的です。歯垢が歯石になるには1週間ほどかかるので、毎日するのが難しければ週2〜3回でも効果はあります。

　歯ブラシを始めたときは、間違った方法で歯茎を傷つけていないか定期的に動物病院でチェックしましょう。

《どうしても歯ブラシが使えない場合》
　歯ブラシの使用が難しい猫には、ガーゼや歯磨き用のウェットシートを使います。ガーゼは歯と歯茎の間に入らないので、歯周病予防で最も大事な歯と歯茎の間は磨けませんが、歯の表面の歯垢は取れます。
　それも難しい場合は、デンタルジェルや口腔内スプレーなどの口腔内ケア用品を使ってみましょう。しかし、これらの商品はあくまで歯ブラシを使用する際の補助です。したがって、歯磨きほどの効果は期待できませんが、歯垢がつきにくい口腔環境をつくります。さらに口に触れることすらできない場合、ブラッシング効果のある療法食やおやつがあります。

第4章 こんなときどうする？

　また、フードを出しっ放しにするとチョコチョコ食いをして食べカスが口の中に長時間残るので、歯のことを考えると食事以外の時間帯は片づけたほうがよいでしょう。

《歯磨きだけでは防げない病気も》
　猫の歯周病はプラークが主な原因ですが、単純にそれだけではないケースもあります。「歯肉口内炎」や「歯の吸収病巣」等がそうです。これらは猫以外の動物にはあまり見られない病気で、原因は明らかになっていません。歯肉の細菌増殖が原因の１つと言われているので、プラークコントロールによって症状が改善することもあります。しかし、これらの病気は歯肉の痛みが強いので、歯磨きが非常に困難なことが多いです。歯に触ることや歯磨きに対して異常に嫌がる猫は、こういった病気の可能性もあります。
　また、すでに歯垢が歯石になっていると、ブラッシングでは取れません。こういったことが見られた場合は、かかりつけの動物病院に相談してください。

　確かに歯周病の予防は大切なことです。キレイな歯の維持は健康的な毎日を過ごすことができ、寿命も伸ばせます。けれども、猫が歯磨きを苦痛に感じたり、飼い主さんを嫌いになったのではホームケアを行う意味がなくなってしまいます。

飼い主さんと猫の良い関係が大前提であり、それを長く保つための歯周病予防です。両者にとって無理のない選択をすることが大切です。

第4章 こんなときどうする？

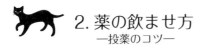
2. 薬の飲ませ方
―投薬のコツ―

「猫が薬を飲んでくれない！」というのは獣医療で最も頻繁に遭遇する問題の1つです。なかにはどうしても飲めないので内服による治療を諦めざるを得ない猫もいます。

確かに猫はなかなか薬を飲んでくれません。無理に飲ませて味わってしまうと、ブクブクッと蟹が出す泡のようなものが止まらなくなります。そして一度嫌な思いをさせると、薬を出しただけで逃げ出すようになってしまい、ますます飲ませるのが困難になるという悪循環に陥ります。

投薬は最初から誰もが上手くできるわけではありません。私も新人獣医師の頃は下手でした。毎回一発で短時間に投薬できるよう、いくつかのコツを紹介します。

まずは薬の種類から。

4－1

	メリット	デメリット
錠剤	・薬の量を正確に投与できる ・慣れれば短時間で投与できる	・飲んだと思っても後で吐き出す ・咬まれる可能性がある
散剤（粉）	・水に溶いて飲ませることができる ・フードに混ぜて、そのまま食べてくれると楽	・猫に味がバレやすい ・こぼれると量が不正確になる
カプセル	・まずい薬でも味を隠せる	・口の中に張りつくので錠剤よりも難しい ・カプセルを噛むとまずい薬が広がってしまう
液剤（シロップ）	・量を調節しやすい ・シロップ自体に味がついていると飲ませやすい	・こぼれると量が不正確になる ・液剤として流通している薬が限られる

メリットとデメリットを挙げましたが、実際には猫との相性によってどのタイプがベストかは異なります。錠剤を飲んだフリをするのが上手い猫であれば散剤に。散剤だと泡が止まらない猫であれば、錠剤へと変更します。特にどちらでも大丈夫であれば、錠剤をお勧めしています。これは正確な量を投与できるからです。

　投薬時は協力してくれる人がいれば抑えてもらったほうが断然楽です（抑え方は、P.187の「基本的な猫の抑え方（保定）」を参考にしてください）。

《錠剤、カプセルの飲ませ方》
①利き手の反対で猫の頭を持ち上に向ける

　このとき猫の頬骨を持つとやり易くなります。鼻が75度ぐらいの角度で持ってください。45度ぐらいだと投薬はまず失敗してしまいます。猫の首は人間の腕ぐらいあるので、結構力強いです。

手で持つ位置（頬骨）

頬骨の位置は目の斜め下です。よくあるミスとして顎を持ってしまい、猫に嫌がられます。

②利き手で薬を持つ

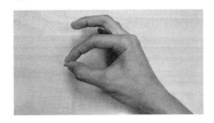

私は親指と人差し指で薬を持っています。中指は口を開けるためにとっておきましょう。

③薬を持ったまま口を開ける

フリーになっている中指を使って、猫の切歯（前歯）に指をかけて口を開けます。猫の切歯は非常に小さいので、切歯なら咬まれてもそれほど痛くはありません。普通の猫なら1

秒くらいは開けっぱなしにできます。

④薬を落とす

　丸の位置、舌の付け根を狙って薬を落とします。投げ込んではいけません。垂直に顔を上げていればコイン落としのようなイメージで落下させることができるはずです。

⑤フォロー

飲み込むまでは、しばらく利き手の反対を離さずに上を向かせ続けてください。薬とカプセルは口の中や食道に張りつきやすいので水を飲ませます。その方法は P.174 の「散剤、シロップの飲ませ方」と同様です。

《猫の食道と薬の話》

猫に飲ませた薬が、どのぐらいの時間で胃まで到達するかを調べた人がいます。この研究では、薬の後に水を全く飲まなかった場合、5分経っても 36.7％の猫しか薬が胃まで流れていないことがわかりました。

薬の後に水を飲ませた猫では、1分以内に 100％の確率で胃まで流れていました。この論文では、薬の後に 5ml の水を飲ませることで薬が食道に詰まったり、食道炎を起こす可能性を大きく減らすと報告しています。

投薬後は約 5ml（約ティースプーン1杯分）の水を飲ませることが推奨されています。食道炎を起こすことが報告されている薬や、大きい錠剤では特に注意が必要です。

投薬後にバターを猫の鼻先につけて舐めさせると胃に到達する時間が短縮される、と紹介している研究もあります。水を飲ませるのが大変な猫では、この方法を試してみるのも良いでしょう。もちろんバターを与えすぎると太るので注意してください。

《散剤、シロップの飲ませ方》
準備

　散剤の場合は水に溶きます。粉の量によりますが0.5ccの水に溶けば十分です。あまり多いと飲むのが大変ですし、誤嚥(肺のほうに液体が入ってしまう)する危険性も増えます。薬を溶いた液体を注射器に入れます。

①**利き手の反対で猫の頭を持ち上に向ける**

　錠剤のときと同様です。

②**注射器の持ち方**

　いわゆる注射を打つような持ち方だと、慣れていない場合薬の調節が難しく、一気に全部出てしまうのでお勧めしません。子供が鉛筆を持つような握り方が調節しやすいのでお勧めです。

③犬歯の後ろに注射器を入れる

　犬歯の後ろに注射器を差し込むと猫は口を開けてくれます。あまり無理にこじあけると歯肉を傷つけるので、注意してください。

④焦らず投与

　ブシュッと一気に押すと半分以上があふれてしまいます。落ち着いて流し込みましょう。また、量が多いときは特に誤嚥に気をつけましょう。

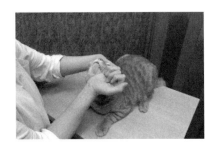

⑤フォロー

　錠剤と同様、しばらく上を向いたままにして確実に飲み込んだことを確認してください。

その他の工夫

　動物用フレーバーつきの薬：一部の薬は猫用に投与しやすいように香りがついています。特に猫で使用頻度の高い薬は動物用薬が発売されています。処方されている薬に動物用がないか病院で相談してみましょう。

　薬を包み込むフード：オブラートのようなものです。薬の味を隠しますが、嚙んでしまうと中身が出てしまいます。同様に好きなウェットフードやササミ等に混ぜて投薬することもできます。

　投薬器：動物用の投薬器があります。どうしても咬もうとする危険な猫に使いますが、嚙み切られて誤嚥してしまわないよう注意が必要です。

第4章 こんなときどうする？

　さて、今回は投薬のコツについて解説しましたが、猫によってスムーズに投薬できる方法は異なります。内服で良くなる病気でも、投薬ができないために回復に向かわないこともあります。治療中でもお互い投薬ストレスを最小限に、猫との良好な関係を維持したいものですね。

※注意：強く抵抗する猫は獣医師でも投薬困難な場合があります。飼い主さんが怪我をすることも考えられますので、あまり無理はしないでください。

3. 療法食を食べてもらう9つのヒント

　腎臓病や尿石症などを治療する際、食事管理が大きなウエイトを占めます。最近は、ペットフードメーカーも猫の好みをリサーチし、美味しい療法食をつくっています。しかし、それでも食べてくれない猫がいることも事実です。適切な対応をすれば、慢性腎臓病の猫の90％は療法食を受け入れてくれると言われています。今すぐできる9つのヒントがあるので、順を追って解説していきましょう。

①早期に食事を導入する

　主に慢性腎臓病の猫に関してですが、いよいよ腎臓が悪くなって尿毒症の症状が出てくると、ただでさえ食欲が低下してしまうのに、慣れていない腎臓病用のフードを出されてもますます食べる気になりません。できることなら、おしっこが薄くなり始めたころ、まだ食欲がある段階で早めに腎臓病用食に慣れておくことで食事の変更がスムーズになります。

②徐々に移行させる

　最も重要なポイントの1つです。移行には最低でも7日、多くの猫は3〜4週間かかります。最初の数日で諦めてしまうのではなく、このぐらいかかるということを認識しておき

ましょう。食べられなかったからと毎日種類を変えると、すべてのフードを嫌いになってしまうことがあります。

③いつもの食事と混ぜる

3〜4週間の間に食事量が減ると痩せてしまいます。いつもの食事と混ぜる、もしくは同じお皿に入れて、好きなほうを食べられるとよいでしょう。徐々に療法食の割合を増やして、最終的にすべて療法食にすることを目標にします。

④適切な食器、場所

ドライフードからウェットフードの療法食に移行するときは、お椀型でなく平らな食器を使うとよいでしょう。猫はヒゲが食器に触れるのを嫌うからです。また、場所に関してはなるべく静かな所にしましょう。フードと水を並べて置くお皿がありますが、猫本来の行動としては別々の場所に設置したほうが自然に近い環境になります。

⑤ストレスのかかっている時期を避ける

入院中や退院直後などに療法食を与えると、味と環境を結びつけて覚えてしまいます。入院中のフードと違う種類のもの、また退院した日は家でいつものフードを与え、安心させてから療法食に切り替え始めるとよいでしょう。

⑥温度、湿度を整える

ドライフードの場合少しお湯を足し、ウェットの場合はそのままレンジで温めると食べてくれることがあります。ただし、猫舌と言われているくらいなので温めすぎは注意。人肌ぐらいにしましょう。

⑦質感や形の好みが変わる

病気になることで好みが変わる猫もいます。ドライ派からウェット派へ、またその逆もあるので今までとは違った質感のフードを試してみましょう。

⑧調味料を加える

猫は嗅覚が最も食欲を刺激するので、臭いつけをして食べてもらう方法です。味つけをしていないチキンスープ、マグロの汁またはビール酵母、オレガノなどが好きな猫もいます。かつお節は塩分やリンが多いため、慢性腎臓病や尿石症の猫に与えすぎは注意です。

⑨別のブランドのフードを探す

様々な会社から腎臓病用フードが発売されているので、試してみるのもよいでしょう。また、どうしても食べないのであれば同じようなコンセプト（リン、タンパク質控えめ）の

第4章 こんなときどうする？

老猫用フードなど、療法食にこだわるのではなく、食べられる中で最適なフードを探すことも大事だと思います。

　以上9つのヒントでした。それでも「マグロ系しか食べない」「高級フードしか15年間食べてこなかった」とこだわりのあるグルメ猫もいます。特に猫は自分の腎臓が悪いとは知らないので、まずいご飯を出されて不服かもしれません。私はその猫にとって療法食を食べることが幸せなのか、常に考えながら診療にあたっています。
　ただし、慢性腎臓病に関しては療法食を食べることで寿命が延びることは様々な研究で証明されている事実です。諦める前に上の9つを試してみて、少しでも猫に無理なくフードを食べてもらえるようになれば幸いです。

4. 動物病院に行くと怒ってしまう
― ストレスのかからない診察のために ―

　猫は慣れない場所に行くことを嫌がります。動物病院に行くと、いつもと全く違う愛猫の姿に驚いた経験のある飼い主さんも多いでしょう。

　猫は警戒心が強く、単独行動を続けて来た生き物なので、人見知りの性格はある意味当然のことです。動物病院としても、少しでも良い環境で検査を受けてもらえるような準備をしています。そういった病院を「キャットフレンドリークリニック」と呼びます。もちろん、当院も猫の専門病院として猫に優しい病院をめざしています。

　私たちも興奮させないようになだめますが、やはりいつも一緒に住んでいる飼い主さんには敵いません。キャットフレンドリーな診察には、飼い主さんの協力も不可欠です。今回は、飼い主さんだからこそできる猫に優しい診察のポイントを解説していきます。

●キャリーバッグ

　まずはキャリーバッグ。これが意外と重要です。猫を出すのに手間取ると、それだけで検査ができなくなってしまうこともあります。移動中はずっとキャリーバッグの中にいますし、タイプによっては猫の出し入れがしづらいものもありま

す。かわいいデザインも大事ですが、もしものときに猫が逃げ出さないように頑丈なものがよいでしょう。ここでは機能面において大切なことを書いていきます。

①上が開くor蓋が取れるタイプ
　猫を出すときに横の扉から引っ張る方がいますが、それは最も嫌がる方法です。出すときに猫パンチが飛んでくると避けようがありません。一番猫に優しいのは自分から出て来てもらうことですが、そのような猫は少数です。そんなときは、上からゆっくり出すと興奮しにくいようです。上からタオルをかけながら出せば、猫パンチをされることもありません。
　また聴診や簡単な注射は蓋を取ればキャリーバッグの中でできるので、天井が蓋になっているキャリーバッグがベターです。蓋はバックルで固定されているタイプのほうがスムーズに取り外しでき、脱走されにくいです。

②素材
　布製のキャリーは見た目がかわいいですし、素材も柔らかく猫も過ごしやすいかもしれません。しかし型が崩れてしまうために入れにくく出しづらいので、プラスチック製の固さがあるケージがお勧めです。中が汚れてしまっても簡単に綺麗にできるという利便性もあります。

以上のポイントをまとめると、こんなケージが理想的です。
「上が開く＋蓋はバックルで固定＋プラスチック製」。

［洗濯ネットは？］
　洗濯ネットに入れる方法は猫の動きが制限できるので、病院スタッフにとって安全性が高いと言えます。ワクチンだけなら網目の隙間から接種できます。しかしキャリー以上に嫌がる猫もいますし、破れて脱走されると大変です。したがって、洗濯ネットだけに入れて来るのはやめたほうがよいでしょう。基本はキャリーバッグ、もしあまりに暴れて獣医師に洗濯ネットに入れるよう指示されたならば、「キャリーバッグ＋洗濯ネット」に入れましょう。

●待合室で
　待合室では、他の猫と隣り合わせになることもあります。また、猫専門ではない病院の場合は、初めて見るような大型犬と遭遇する可能性もあります。性格によっては、人間は好きでも他の猫と目が合っただけで怒り出す猫もいます。したがって、できるだけ他の動物と接触しないように距離を取りましょう。キャリーバッグにカバーをかけてあげると安心できます。キャリーバッグがすっぽり覆いかぶされば何でもよいのですが、日頃その猫が好んでいるタオルなど臭いがつい

ているもののほうがより落ち着きます。

●**診察中**
①**問診**
　問診中は、猫をキャリーバッグの中で待機させていてかまいません。あまり早く出すと、猫が飽きてソワソワし始めてしまうからです。初診の患者さんは想像以上に問診が長くなることがあります。キャリーバッグはまだ獣医師側に向けないで、飼い主さんの顔が見えるようにしたままのほうが安心します。

②**キャリーバッグから出す**
　問診が終わり、いよいよキャリーバッグから出します。まずはドアを開け、自分から出てくれるのか、病院での猫のキャラクターを見極めます。キャリーバッグを傾けると自ら出てくれる猫もいますし、上部が開くタイプのキャリーバッグなら上から抱き上げると簡単に出すこともできます。横しか開かないタイプの場合で、猫が興奮していると出すのに苦労することもあります。
　猫のキャラクターによっては、獣医師より飼い主さんに出してもらったほうがスムーズなのでお願いすることもあります。しかし、力ずくで出そうとすると余計興奮してしまいます。

まず、絶対してほしくないのが手を引っ張ることです。基本的に猫は引っ張られることが嫌いです。そして手先を触られることも嫌がります。

手を引っ張ると猫は嫌がり腰を引いて抵抗します

　猫はキャリーバッグの縁に引っかかろうとしますので、両手両足を下から支えるように持ち上げてキャリーバッグの中で宙に浮かせるように出すとスムーズにいきます。

猫がリラックスして宙に浮いています

　4本の脚を摑めば、ケージの縁に脚を引っかけられないのでスムーズに出せます。

第4章 こんなときどうする？

ケージの中ではこのような感じです

● 処置中

体重測定や、注射などの処置をするときは基本的には看護師と獣医師で行います。しかし飼い主さんと離れると不安になってしまう猫の場合は、お手伝いをお願いしています。

● 基本的な猫の抑え方（保定）

動物を抑えて、処置しやすい体勢をとることを保定と言います。猫の肩甲骨を上から手で覆います。このとき、できるだけ手を広げて猫と接触する面積を大きくするとより安心します。力はそれほどいりません。猫は不快感を覚えなければ自分からは逃げず、逆に危機感を感じると上に逃れようとしますが、それを防ぐこともできます。この保定だけで歯のチェック、体温測定、注射など基本的な処置が可能になります。これができれば家庭での投薬も楽になることでしょう。

肩を優しく抑えます

　猫は指先を触られるのを嫌がるので、肘より先は触らないようにします。ついつい猫の手が動くと指先を抑えてしまいがちですが、肩甲骨さえ抑えておけば猫パンチは出せません。

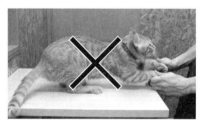
この状態では注射や体温測定はできません

●処置中はあまり声をかけない

　これも結構大事なポイントです。処置中に大きな声で「〇〇ちゃん！」「頑張って！」など声をかけると、余計猫が興奮してしまいます。特に「ダメッ！」「コラッ！」など叱っても、猫は犬とは違い主従関係がないので、まず言うことを聞きません。余計怒ってしまいます。

　声をかけるのであれば穏やかな声で名前を呼ぶか、「もう

少しで終わるからねー」など近くに飼い主さんがいることを伝えて安心させてあげるようなイメージでお願いします。処置が終われば、家では入るのを嫌がっていた猫もスタスタとキャリーバッグに戻っていきます。病院に行った日は頑張ったご褒美として、おやつやおいしい缶詰をあげてください。

　キャットフレンドリーな診察には、飼い主さんの協力は不可欠です。病院嫌いの猫でも、これらの工夫でワクチンや体温測定がよりストレスをかけずにできるようになります。

5. 子猫のオスとメスの見分け方

　子猫を拾ったとき、まず気になるのが性別でしょう。性別がわからないと、名前もつけられませんよね。たまに「にゃーこ」という名のオス猫がいたりしますが……。

成猫はタマタマ（睾丸）が目立つのですぐわかります

　実際、生後間もない猫のオスとメスを見分けるのは至難の技です。獣医師であっても的中率80％ぐらいでしょう。では、それぞれを比較しながら、見分け方のポイントを書いていきます。

第4章 こんなときどうする？

●オス♂

仰向けにしてシッポを伸ばした写真です。

100g台の子猫

ポイントは2つ。

①矢印：肛門と尿の出口の距離が長い。

②丸：陰嚢（睾丸が入る袋）と思われる膨らみがある。猫の睾丸は出生時には陰嚢の中に入っているはずですが、小さいため触ってもわかりません。

2カ月齢になれば明らかに睾丸がわかるようになりますが、このときに1個しか睾丸がないことがあります。それは潜在精巣といって片方の睾丸が、お腹の中に残っているかもしれません。稀に両方がお腹の中に残っていることもあります。

●メス♀

100g台の子猫

①矢印：オスと比べて肛門と尿の出口の距離が短い。
②丸：陰嚢がないので平らになっている。

　メスはオスと比較してみると上記のような特徴があります。ただし、1匹だけ拾った場合は比較できないので判断に迷うことがあります。

問題：この子猫の性別はどちらでしょう？

答え：オス

　あまり陰嚢の膨らみは見られませんが、肛門と尿の出口の距離が長いのでオスの可能性が高いでしょう。

　この2つのポイントで大体の子猫は見分けることができます。しかし、それでも的中率が80％あれば立派なものです。4週齢まで育てばほとんど間違えることはなくなります。もしも性別を間違えてしまった場合は、名前が定着する前に改名しましょう！

第4章 こんなときどうする？

6.トイレ問題
―落ち着いて用を足せる8つのポイント―

「トイレ環境を改善してください」と動物病院で言われたことはありませんか？

猫は綺麗好きな動物で、トイレに関してもかなりのこだわりを持っています。トイレが気に入らないと使ってくれなかったり、イヤイヤ使用していて実はストレスを溜めていることもあります。

不適切な場所での排泄や尿路結石、特発性膀胱炎、猫下部尿路疾患（FLUTD）の再発を抑えるために飼い主さんにトイレ環境を聞き、改善点を提案することがあります。

こまめに掃除する、砂を変える、トイレの数を増やすなどたくさん項目がありますが、今回は8つのポイントに分けてまとめました。

①掃除

掃除はトイレ環境改善の最初の一歩です。人間と同じよう

に猫も清潔なトイレでゆっくりしたいものです。こまめに綺麗にしてあげましょう。日中お仕事などで長時間家を空ける場合は、後述しますが複数設置するか、全自動やシステムトイレなどで対処できます。

砂の全交換：大体商品のパッケージに書いてありますが、1カ月ぐらいが目安になります。臭いを気にする猫の場合は2週間で全交換してあげてもよいでしょう。

②場所
遠い：2階の隅の部屋などトイレが遠いと、気軽に行かなくなり我慢してしまいます。反対にその猫がよく2階で過ごしているのに1階の玄関周囲などに置くのも好ましくありません。猫が最も長く過ごすリラックススペースから距離が離れすぎない場所が適しています。

障害がある場合：距離は近くても行動を制限するベビーフェンス、閉まりやすい扉などがあると猫は困ってしまいます。また、犬との同時飼育の場合、犬のリラックススペースが近くにあるなど精神的な障害も考慮して場所を決めましょう。

騒々しい場所：乾燥機、洗濯機、キッチン周りは生活音が

多く、道路に面した場所では不定期に外から車の音や、声が聞こえてくるのでトイレの場所としては落ち着きません。また、人通りの多い廊下などもトイレ中に人が来るとやめてしまいます。

　ご飯の横：ご飯の横にトイレを設置するのは私たちでも嫌ですよね。ケージ内などスペースが限られる場合は仕方がありませんが、食事場所とは離してあげましょう。

③数
　トイレの数は猫の数＋1個が理想的です。トイレが複数あれば、日中などトイレ掃除が長時間できないときでも綺麗なトイレを猫が選んで使えます。また、他の猫と同じトイレを使うことを嫌がる猫もいます。
　ただ、多頭飼いの数によっては家が猫トイレだらけになるので、現実的に可能な範囲で増やしてあげてください。

④サイズ
　トイレのサイズは猫の全長の1.5倍以上が望ましいとされます。しかし、市販のトイレのほとんどがこの基準を満たしていません。それでも多くの猫は問題なく使用してくれます。大柄な猫では市販のトイレだと狭いので、大きなプラスチッ

クトレイで代用するとよいかもしれません。

　トイレの縁に乗っかりながら用を足す猫がいますが、トイレが小さすぎて窮屈に感じている可能性があります。少し大きいものを試してみてください。

⑤**本体のタイプ**

　屋根つきトイレ：屋根つきのトイレは砂の散乱を防げますが、臭いがこもり嫌がることが多いです。また野生の猫はトイレ中隙だらけ、視界を遮るものがあると待ち伏せしている外敵に気づきません。野生のネコ科動物が洞窟や茂みで用を足す習慣はありません。

　トイレの縁：縁が高すぎるトイレも乗り越えるのに抵抗があります。若いうちは大丈夫ですが、猫も年をとると運動能力が下がりますし、関節炎にもなります。スッと気軽に入れるような低い縁のトイレがよいでしょう。

　全自動タイプ：神経質な猫だと機械音が気になり、怖がることがあるようです。色々なタイプの全自動式トイレがありますね。私は自分の飼い猫で使ったことがないので使用感等はわかりかねます。

基本的には屋根なし、大きめ、縁は浅めのトイレが自然環境に近いとされ推奨しています。

⑥猫砂
　猫砂は多数の種類があり、猫の好みが最も出やすい項目です。理想は自然と同じく粒子の細かい砂で、しっかり排泄物を隠せるようたくさん敷いてあげることです。ダラスにて行われた 2013 年の猫学会では、トイレ掃除の手間やコストを度外視すれば園芸用のピートモスが一番良いのでは、と言っていました。確かに、花壇には野良猫が排泄していきますよね。

　システムトイレの砂：おしっこが砂を通過し、下に敷いたシートに吸収されるシステムトイレが最近人気です。掃除の回数が減り、おしっこ臭を抑える力も強いので便利です。私もその快適さに感動して以来、使い続けています。しかし、システムトイレ用の砂は大きく固いので気に入らない猫もいるようです。他のデメリットとしては、一回の尿量が確認できないという点もあります。

⑦臭い
　排泄物の臭いはこまめに掃除するしかありませんが、他にも注意点があります。人間では気にならない、かすかな臭い

でも猫は気づきます。

　トイレに染み込んだ尿の臭い：長期間プラスチック製のトイレを使っていると尿とプラスチックが反応を起こし独特の臭いが発生します。これは洗ってもなかなか落ちないので新しいものと交換しましょう。

　洗剤：猫は柑橘系の臭いを嫌います。柑橘系の洗剤でトイレを丸洗いすると、臭いが移ってしまうので避けてください。それ以外でも強い香りの洗剤は注意が必要です。

⑧トラウマ
　最後はトイレでのトラウマについてです。トイレで嫌な思いをすると原因に関係なく、そのトイレを避けるようになることがあります。そうした場合はトイレ本体を替える、場所を変えるなど一度思い出をリセットするとまた使ってくれるかもしれません。

　痛みの伴う排泄：便秘や尿路結石など、病気による痛み。

　トイレ付近での出来事：トイレの近くで捕まえられ薬を飲まされる、そのまま病院に連れていかれるなど。トイレの中

だけでなく、その周辺にいるときは嫌がることはしないほうがよいです。

トイレ中の恐ろしい出来事：トイレ中に落雷のような突発的で大きな音や地震などが起こると怖くてトイレに入らなくなる可能性があります。

不適切な場所での排泄やFLUTDは再発率が高いやっかいな病気です。トイレ環境を改善してもすぐに効果が出ない、実際効果が出ているのかもわかりづらいため、不安になる飼い主さんが多いです。猫のトイレは奥が深く、さらに細かいチェックポイントはいくら挙げてもキリがありません。猫にとってトイレが大事なものであることを理解し、ストレスなく入れるようトイレ環境を見直してみてください。

※注意：不適切な排泄やFLUTDの原因は様々です。根本的な原因があるとトイレ環境を改善しただけではよくなりません。かかりつけの獣医師と相談しながら治療することをお勧めします。

―― 診 察 現 場 か ら ――

猫の「寿（ことぶき）」

　ある朝、病院の前に茶白柄のメス猫が捨てられていました。動物病院の前に猫が捨てられていることはよくあります。動物を遺棄する行為は動物愛護法で禁止されていますが、心ない方が置き去りにしていってしまうのです。

　病院に捨てられた猫はまず、院内で里親を募集します。しかし、この茶白柄の猫は重度の貧血があり、そして白血病ウィルスに感染していました。白血病ウィルスは同居猫に感染する可能性がある恐ろしいウィルスです。里親を探すのを諦め、当時猫を飼っていなかった私が飼うことにしました。

　この茶白の猫に少しでも長生きできるよう寿（ことぶき）と名づけました。寿は非常に優しくて美人な猫でしたがウィルスには勝てず、1歳10カ月で亡くなりました。

　私が獣医になってから初めて亡くした猫が寿でした。動物病院で働いて数年が経ち、動物の死には慣れていたつもりでしたが、1人暮らしで共に過ごした愛猫の死は想像以上にショックでした。そして、本当の意味で猫を亡くした飼い主さんの気持ちがわかっていなかったかもしれないと反省したのです。寿とは2年弱しか暮らせませんでしたが、獣医師として一番大切なことを教えてもらったと思っています。

おわりに

　nekopediaという造語については「はじめに」で説明しましたが、実は接尾語の「-pedia」は「百科事典」という意味だと勘違いをしていました。実際には百科事典を意味する英単語encyclopediaは「輪になって」を意味する「encyclo-」と、「学習する」を意味する「-pedia」を組み合わせた言葉で、もともとはギリシャ人が街で輪になって学習して得た知識という意味であったそうです。とするとnekopediaは「猫」について「学習する」、という意味になります。

　実際にnekopediaを書き始めると、十分理解していると思っていたページでも筆が進まず、自分の知識がいかに浅いものだったのか思い知らされました。再度調べ直す、調べているうちに面白い情報が見つかって脇道にそれるなど、書いている自分が一番猫について学べました。猫にまつわる疑問は尽きることがありません。この原稿を書いている間にも病院で飼っている茶トラのサブが足元に来ましたが、私のほうを向いて2本足で立ってみせます。これは2本足で立てることをアピールしているのか、それとも私に向かって飛びかかろうとしているのか。サブもまた独特な動きをする猫なのです。

おわりに

　最近では獣医学の中でも猫に対する注目が集まり、猫の医学国際学会が開かれるようになりました。世界中の猫好き獣医師が集まり勉強しています。この本ではあまり病気について多くのページを割いていませんが、猫の病気にはまだまだ治してあげることができないものが多数あります。がん、腎臓病、歯肉炎、白血病ウィルス、猫伝染性腹膜炎などがその代表です。今後さらに猫への関心が高まり、多くの研究者が猫の病気に注目し、これらの難しい病気の治療法が見つかることを願います。これからも一獣医師として多くの猫とその飼い主様の幸せな生活をサポートできるよう学び続けていきたいと思います。

　最後になりましたが、今回の出版に向けて力を貸してくださった秀明学園と編集担当の戸田香織さんに感謝申し上げます。また、私に獣医師の道に進むきっかけと多くの思い出をくれた今は亡きラッキーとその友達チロ、実家で家族を励まし続けているチビとトロ、下宿時代を共に過ごしたチュン、そして寿にも。

Syu Syu CAT Clinic 副院長　山本宗伸

【主要参考文献】

Belew AM, Barlett T, Brown SA. Evaluation of the white-coat effect in cats. *J Vet Intern Med*. 1996Mar-Apr；13（2）：134-42.

Bertone ER, Snyder LA, Moore AS. Environmental tobacco smoke and risk of malignant lymphoma in pet cats *Am J Epidemiol*. 2002 Aug 1；156（3）：268-73.

Bonner S, Retiter AM, Lewis,J. Orofacial manifestations of high-rise syndrome in cats：a retrospective study of 84 cases. *J Vet Dent*. 2012spring；29（1）：10-8.

Bonnie V.Beaver（2003）. *Feline Behavior a guide for veterinarians second edition*. Saunders.(『猫の行動学 行動特性と問題行動』、斎藤徹・久原孝俊・片平清昭・村中志朗〈訳〉、interzoo、2009)

Buffington CA. Dry foods and risk of disease in cats. *CVJ* 2008；49：561-563.

Dennis C.Turner & Patrick Bateson（2000）. *The Domestic Cat：The biology of its behaviour second edition*. Cambridge University Press.(『ドメスティックキャット　その行動の生物学』、森裕司〈監〉、チクサン出版社、2006)

Karen McComb, Anna M, Christian Wilson, et al. The cry embedded within the purr. *Curr Bio*. 2009,19（13）：R507-508.

Kristen Leigh Bell.（2002）. *Holistic Aromatherapy for Animals*. Findhorn Press.

 主要参考文献

Little CJ, Ferasin L,Ferasin H, et al. Purring in cats during auscultation : how common is it,and can we stop it?. *J Small Animal Pract* 2014 ; 55（1）33-8.

Pascal Pilbot, Vincent Biourge, Denie Elliott.（2008）. *Encyclopedia of Feline Clinical Nutrition*. Royal Canine.（『猫の臨床栄養』、高島一昭〈監〉、ロイヤルカナン ジャポン、2010）

Singerland LI, Fazilova VV, Plantinga EA, et al. Indoor confinement and physical inactivity rather than proportion of dry food are risk factors in the development of feline type 2 diabetes mellitus. *Vet J* 2009Feb ; 179（2）: 247-53.

Vnuk D, Pirki B, Matici D, et al. Feline high-rise syndrome : 119 cases. *JFMS* 2004Oct ; 6（5）: 305-312

Wells DL, Millsopp S. Lateralized behavior in the domestic cat, felix silvestris cats. *Animal behavior* 2009 ; 78 : 537-541.

Wells DL, Millsopp S. The Ontogenesis of Lateralized Behaviour in the Domestic Cat,Felis silvestris catus. *J Comp Physiol* 2012 ; 126 : 23-30.

Westfall DS, Twedt DC, Steyn PF, et al. Evaluation of esophageal transit of tablets and capsules in 30 cats. *J Vet Intern Med*. 2001 sep-oct ; 15（5）: 467-70.

Whitney W, & Mehlhaff C. High-rise syndrome in cats. *JAVMA*. 1987Dec ; 191（11）: 1399-1403.

山本宗伸（やまもと そうしん）

日本大学生物資源学部獣医学科 外科学研究室卒業後、猫の病院「Syu Syu CAT Clinic」勤務。2012年より副院長を務める。同年、ブログ「nekopedia」を開設。多数のニュースサイトで猫にまつわる健康や疑問に関するコラムを執筆している。国際猫学会ISFM所属。

ネコペディア〜猫のギモンを解決〜

| 平成27年1月15日 | 初版第1刷印刷 |
| 平成27年1月21日 | 初版第1刷発行 |

著　者　山本宗伸
発行人　小野寺義詔
発行所　秀明出版会
発売元　株式会社SHI
　　　　〒101-0062
　　　　東京都千代田区神田駿河台2-2
　　　　電　話　03-5259-2120
　　　　ＦＡＸ　03-5259-2122
　　　　http://shuppankai.s-h-i.jp
　　　　印刷・製本　有限会社ダイキ

ⒸSoshin Yamamoto 2015
ISBN978-4-915855-32-0